农家摇钱树·**果树**

香蕉
优质丰产栽培

◎主编／高国人

U0343327

广东省出版集团
广东科技出版社
·广　州·

图书在版编目（CIP）数据

香蕉优质丰产栽培 / 高国人主编 . —广州：广东科技
出版社，2013.1
（农家摇钱树 . 果树）
ISBN 978-7-5359-5766-5

Ⅰ . ①香…　Ⅱ . ①高…　Ⅲ . ①香蕉—果树园艺
Ⅳ . ① S668.1

中国版本图书馆 CIP 数据核字（2012）第 200744 号

Xiangjiao Youzhi Fengchan Zaipei

责任编辑：罗孝政　林　旸
装帧设计：柳国雄
责任校对：陈　静
责任技编：罗华之
出版发行：广东科技出版社
　　　　　（广州市环市东路水荫路 11 号　邮政编码：510075）
http：//www.gdstp.com.cn
E-mail：gdkjyxb@gdstp.com.cn（营销中心）
E-mail：gdkjzbb@gdstp.com.cn（总编办）
经　　销：广东新华发行集团股份有限公司
印　　刷：佛山市浩文彩色印刷有限公司
　　　　　（佛山市南海区狮山科技工业园 A 区　邮政编码：528225）
规　　格：889mm×1 194mm　1/32　印张 4　字数 80 千
版　　次：2013 年 1 月第 1 版
　　　　　2013 年 1 月第 1 次印刷
印　　数：1~6 000 册
定　　价：10.00 元

如发现因印装质量问题影响阅读，请与承印厂联系调换。

内容简介
Neirongjianjie

　　香蕉是我国南方重要的经济作物，也是人们喜食的水果品种。本书由海南省香蕉协会专家编写。内容包括香蕉生物学特性、香蕉建园与种植、香蕉园土壤管理、香蕉施肥管理、香蕉水分管理、香蕉树体管理、香蕉自然灾害的预防及灾后管理、香蕉病虫害及其防治、香蕉采收及采后处理、香蕉包装及预冷、香蕉采后贮藏运输以及香蕉催熟上市销售等。本书内容全面，技术先进，实用性强，适合香蕉生产企业、香蕉专业户、蕉农、基层技术人员培训及农业院校师生阅读参考。

序言
Xuyan

　　香蕉是世界贸易的大宗水果，2006年总面积为454.57万公顷，总产量为13 637.1万吨，出口量为1 570.45万吨，出口金额为50.85亿美元。据联合国粮农组织统计，全球共有130多个国家种植香蕉，其中种植面积最大的5个国家是印度、巴西、菲律宾、中国和厄瓜多尔，共约占世界总面积的50%。

　　我国是香蕉的生产大国，也是香蕉的消费大国。全国现有香蕉面积约为28.5万公顷，产量629万吨左右，主要分布在广东、广西、海南、福建和云南等省区。这些地区共有农村人口1.2亿，香蕉产业已成为上述地区农业的支柱产业，在当地的经济和农村社会发展中发挥着重要作用。国产香蕉几乎全部在国内市场销售，同时每年还要从国外进口几十万吨，最多年进口量将近80万吨。随着我国经济的迅速发展，香蕉的消费量在2010年之后达到每年800万吨，并有可能继续增加到超过1 000万吨。有外国专家预言，未来10年的中国市场，将在国际香蕉经济中扮演最重要的角色。

　　我国香蕉产业存在的主要问题之一就是群体规模大，个体规模小，标准化技术得不到有效推广，使产品质量参差不齐，现代化品牌经营基础薄弱，导致了香蕉产业的整体经济效益较低，在参与国内外市场竞争中处境比较被动。

高国人副教授是海南省香蕉协会专家委员会委员，也是海南大学农学院的退休教师，他从事香蕉科研与教学工作10多年，注重理论与实践相结合，长期承担香蕉生产基地的技术顾问工作，收集了大量的生产技术资料，同时他还善于与同行交流，广纳百家之长，积累了宝贵的生产经验。在此基础上，他花费了2年多的时间，把这些宝贵的经验整理成书，并定名为《香蕉优质丰产栽培》。相信本书出版之后，将有利于全国香蕉标准化技术的推广和普及，对广大的香蕉生产者采用统一的技术规程，提高香蕉的生产经营水平，增强品牌经营和市场竞争能力等方面都将产生积极的影响。

我们期待着高国人副教授的专业知识和辛勤劳动能够为香蕉生产者提供实实在在的帮助！

海南省香蕉协会秘书长

张锡炎　博士

2012年3月

　　香蕉是世界上四大水果之一，在国际市场上占有很重要的地位。香蕉分布在30°N以内的热带、亚热带地区。据联合国粮农组织统计，全球共有130多个国家种植香蕉，2006年总面积为454.57万公顷，总产量为13 637.1万吨，出口量为1 570.45万吨，出口金额为50.85亿美元。其中种植面积最大的5个国家分别是印度、巴西、菲律宾、中国和厄瓜多尔，共约占世界总面积的50%。此外，印度尼西亚、泰国、布隆迪、哥斯达黎加、坦桑尼亚、哥伦比亚、巴拿马、巴布亚新几内亚、委内瑞拉、洪都拉斯、墨西哥等国家也有种植。以中美洲产量最多，其次是亚洲。

　　我国是香蕉生产大国，也是香蕉消费大国，全国现有香蕉面积约为28.5万公顷，总产量629万吨左右。主要分布在广东、广西、海南、福建和云南等省区，此外，贵州、四川也有少量种植。广东以湛江、茂名、中山、东莞、广州、潮州为主产区；广西以南宁、浦北、玉林、灵山、钦州为主产区；海南以澄迈、东方、乐东为生产区；福建主要集中在漳浦、平和、南靖、长泰、诏安、华安、云霄、龙海、厦门、南安、莆田和仙游等县（市、区）；云南以西双版纳、玉溪、红河为生产区。台湾则以高雄、屏东为主产区；其次是台中、台南等地。

　　从香蕉贸易情况分析，多数生产香蕉的国家均以内销为主，仅有少量出口。出口较多的国家和地区有厄瓜多尔、哥斯达黎加、哥伦比亚、洪都拉斯、菲律宾以及我国台湾省。中国、印度、泰国等国家虽然香蕉产量较多，但基本上以内销为主。香蕉进口以欧洲、北美洲等经济发达的国家为主，亚洲的日本和韩国进口量也较大。

随着我国经济的迅速发展，香蕉的消费量在 2010 年之后达到每年 800 万吨，并有可能继续增加到超过 1 000 万吨。有外国专家预测，未来 10 年的中国市场，将在国际香蕉经济中扮演最重要的角色。2002 年，我国农业部南亚办和南亚热作中心组织专家对我国香蕉产业的发展现状进行了全面的调研，认为我国香蕉产业要赶上国际先进的生产技术和经营水平，就必须大力推广香蕉标准化生产与采收包装技术。从 2003 年开始，我国农业部南亚办联合 948 办公室，在全国实施香蕉产业升级计划，主要目标就是要通过示范带动，引导广大香蕉种植者，包括香蕉生产企业、香蕉专业户、蕉农等，树立品质观念，朝着生产高品质香蕉和创立国产香蕉知名品牌的方向发展，提高国产香蕉在国内外市场的竞争力。

笔者受海南省香蕉协会秘书长张锡炎博士的委托，以香蕉产业升级示范点的生产技术流程为基础，结合近年来国内外先进经验，编写成本书。

由于笔者水平有限，错漏之处在所难免，敬请广大读者批评指正。

编者

2012 年 3 月

目 录
Mulu

一、香蕉生物学特性

（一）生长发育特性及结果习性

香蕉在植物分类学上属芭蕉科芭蕉属。香蕉为多年生常绿大型草本单子叶植物，地下茎为一粗大球茎，根、叶、花及繁殖用的吸芽均由此长出。最初由中央圆柱组织上的顶芽萌发，不断抽生叶片，叶柄上伸，叶鞘紧结为假茎，假茎下面形成球茎，每片叶鞘基部有一潜伏芽能长成吸芽，吸芽和母体球茎组成蕉丛。香蕉植株生长发育到一定阶

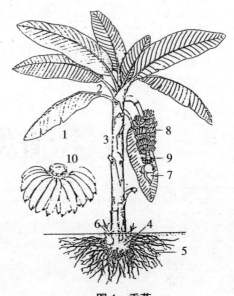

图 1　香蕉

1. 叶片　2. 叶柄　3. 假茎　4. 地下茎　5. 根
6. 吸芽　7. 花苞　8. 雌花　9. 雄花　10. 果梳

段，假茎生长点停止抽叶而进行生殖分化，抽出穗状花序（图 1）。

1. 根

无主根，肉质不定根着生于球茎，正常蕉株有 200~300 条根，分为侧根与下垂根。根系浅生，主要分布在土表下 10~30 厘米土层中，良好的土壤条件下侧根可长至 50 厘米左右，下垂根深 75~140 厘米。

2. 茎和吸芽

香蕉由地上茎（假茎）和地下茎（球茎）组成。地上茎由大量叶鞘包裹而成，支撑着叶、花、果。地下茎贮存养分，可供根、叶生长，但主要是产生吸芽和花、果。当地下茎的生长点上升到地面40厘米左右时，生长点就不再分化叶片而分化花序芽及苞片。地上部开花结实消耗大量营养物质后，球茎还能残留下来，保留一、二年并可发生分蘖。吸芽的抽生从每年春分开始，以4~7月最多，9月以后，吸芽生长缓慢甚至停止。抽芽依季节不同而分为红笋芽（2月后发生，上尖下大，形似竹笋，叶鞘呈鲜红色而得名）和褛衣芽（8~10月发生的笋芽，翌春此芽越冬后因外表披着枯叶而得名）；依叶形不同又可分为剑叶芽（当代植株抽生，叶形尖窄如剑）和大叶芽（上代残留地下茎抽生，叶形短宽如卵形）。

3. 叶片

呈长椭圆形，绿色有光泽，叶特大，长130~280厘米，宽50~90厘米。完成营养生长期后总叶数可达31~43片，其中按叶形与叶面大小分为：剑叶8~15片、小叶8~14片、大叶10~20片。一株健壮的香蕉具有10~15片功能叶（完整叶片），高产株功能叶最少12片。叶片在6~8月高温多湿季节生长速度最快，每月抽叶6~8片；12月至次年3月低温期每月仅抽1~2片，有时几乎停止生长，其余月份抽叶3~4片。

4. 花芽分化、抽蕾及开花

香蕉周年开花，其花芽分化似不受日照时数或温度的影响。植株叶出生快，叶面积增大快，全株达到最大叶面积早，则花芽分化早；反之，则迟。在一定的叶数范围内，其叶面积已达最大时，便能花芽分化。例如，广东珠江三角洲的高把香蕉抽出20~24（多数为21~22）片大叶时开始花芽分化，抽生28~36片大叶时即可开花。

气温高、水肥充足，则叶出生快，叶面积增大快，花芽分化可提早。吸芽生出28~30片正常大叶即可抽蕾。如包括小叶在内计算，在台湾仙人种香蕉吸芽到开花要生出35~55片叶。

据巴布亚新几内亚的研究报道：当地栽培的中国蕉有两个类型：①生长快类型，在生出20片正常叶时花芽分化，生出29~32片正常叶时开花；②生长慢类型，在生出25片正常叶时花芽分化，生出33~38片正常叶时开花。前一类型营养生长活动较强，每一片叶叶面积较大，积累的营养物质较快地达到花芽分化所需的水平，后一类型的叶面积增大较缓慢。花芽分化是在叶面积达到最大时开始的。试验分析表明，香蕉花芽分化期花序幼嫩部分可溶性氮含量达到最高，而在小花分化和花序伸长开花后，因大量消耗可溶性氮而含量达到最低。通过试验，重施氮肥不仅不会妨碍结果，而且获得早结和丰产，提早收获1~2.5个月，增产10%~20%。广东东莞农民栽培多造蕉的长期实践经验证明，充分供应肥料比供肥少者，可提早2~3个月开花，结合留吸芽就可以达到周年开花结果。

当花序开始分化时，在形态上最突出的变化是球茎生长点的迅速伸长。此外，苞片也开始形成。一般花序是在植株生长7~10个月之后开始形成（因品种、气候及栽培条件等而有差异），约经1个月后，花轴才由地下茎向上伸长到假茎的顶端。在花序伸出（简称抽蕾）前1个月左右，是果实段数及每段果实个数的决定期。香蕉花序为无限佛焰花序。花苞为船底形，颜色有橙黄、粉红、紫红或紫绿等。下垂后，苞片展开而至脱落，露出多段的小花，每段有10朵至20多朵，为二行排列，称为一梳或一个花段，花苞和花被均螺旋状，着生在总花轴上（图2）。

香蕉有雌花、中性花（退化花）和雄花3种。在花序上排列次序为：基部的是雌花，中部的为中性花，先端的为雄花。花单性，黄白色，子房下位，三室，有退化胚珠多颗。各种花都具有一个管状被瓣合生花被（由3片大裂片、2片小裂片联合拼成），一个游离被瓣（离生花被）及一组由 5 枚雄蕊或退化雄蕊（其第六枚已失缺）所组成的雄器，和一个三室的子房及柱头。雌花与雄花最大差别在于子房的长短及雄蕊的长短。雌花的子房占全

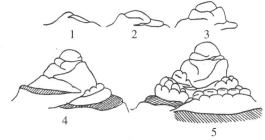

图 2 香蕉（仙人种）花芽分化

1. 未分化 2~3. 分化初期 4. 分化期（花穗）
5. 小花芽（小果）分化期

花长度的 2/3，子房 3 室，柱头 3 裂，退化雄蕊 5 枚。雄花的子房远较花被为短（只有全花长度的 1/3），雄花虽有很发达的雄蕊，但花粉多退化。退化的中性花，子房长度占全花的 1/2，具有不发育的雄蕊。香蕉的花序为无限花序，其雌性花、中性花和雄花，可随营养等条件而相互转化，如花芽分化前营养充足，则形成的雌花数多，反之则少（图3）。

香蕉花序的雌花段数及果数多少，早在花芽形成时已成定局。但是果实的大小则要由结成果实后的气候、营养状况和栽

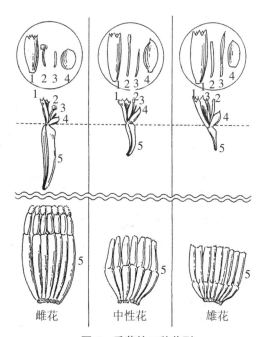

图 3 香蕉的三种花型

1. 合生花被 2. 柱头 3. 雄花
4. 离生花被 5. 子房

5

培管理水平来决定。香蕉植株生长的前 3~6 个月，正是蕉株生命中最重要的时刻。这时植株对营养不足特别敏感，栽培上要注意及时施肥，为花芽分化作好一定的物质准备。而随后的营养亦要充足，使植株粗壮，才能保证小果不断发育对养分所需，提高产量。

5. 果实

香蕉果实可分为两类，野生蕉果实有籽，须经授粉；栽培种多为三倍体，不需经授粉受精，单性结实。一串果穗有果 4~18 梳，每梳有果指 7~35 条，单果重 50~600 克、长 6~30 厘米。梳果大小由上而下逐渐变小，矮香蕉上、下梳果大小比为 1∶0.55~1∶0.6，相差悬殊；而良种则上、下梳果长度差别不大。蕉果自开花到收获需 65~170 天，但高温季节 60~90 天可收获，低温季节则需 120 天以上。大蕉品种 87-11 需 5 个月，而香蕉品种 82-9 只需 2 个多月。福建农业大学观察的台湾香蕉品种从开花到收获约需 90 天，开花后 35 天内，果指长度和周径增长最快，鲜果重增加中等；花后 35~50 天，果指长度和周径增长较缓慢，鲜果重增加仍属中等；花后 50 天到收获果指长度的增长最慢，而鲜果重增加最大。

（二）对环境条件的要求

1. 温度

分布区大多年平均温度 21℃以上，少数 20℃左右，香蕉要求高温多湿，生长温度为 20~35℃，最适宜为 24~32℃，最低不宜低于 15.5℃。香蕉怕低温，忌霜雪，耐寒性比大蕉、粉蕉弱，生长受抑制的临界温度为 10℃，降至 5℃时叶片受冷害变黄，1~2℃叶片枯死。果实低于 12℃时即受冷害，催熟后果皮色泽灰黄，影响商品价值。

气温在 29~31℃时生长最快，叶片每日可长 16 厘米。气温 10℃

以下停止生长，38℃以上也停止生长，并可能发生叶片和果实日灼。0℃会有冻死可能。12~13℃适合蕉果贮运。

2. 水分

年平均降水量以1 500~2 000毫米最适合；月平均降水量以100~150毫米最为适宜，低于50毫米即属干燥季节。香蕉如10天缺水则抽蕾期延长、果指短、单产低。如蕉园积水或被淹3~6天，轻者叶片发黄，易诱发叶斑病，产量大降；重者根群窒息腐烂以致植株死亡。雨水过多季节要注意排水。海南4~9月高温多湿，适于香蕉生长，每月可生长4~6片叶（个别7~8月可达7~8片叶）；10月至次年3月干燥低温，生长缓慢，每月仅生长1~3片叶。

3. 光照

香蕉要有充足的光照。在旺盛生长期，特别是花芽形成期、开花期、果实成熟期，以日照时数多，并有阵雨为宜。过于强烈的阳光，常与干旱相继发生，香蕉易受旱害，发生日灼。香蕉需要日照充足，但又不宜过于猛烈。在低温阴雨下成长的果实一般果小，欠光泽。

4. 土壤

土壤以表土深厚，富含有机质的沙壤土、壤土、黏壤土为宜。排水优良最重要，地下水位1米以下，pH 4.5~7.5都适宜，以pH 6.0以上为佳，因pH 5.5以下土壤中镰刀菌繁殖迅速而凋萎病易于侵害根系而发病。盐性环境香蕉虽不甚敏感，但土壤含可交换性钠离子若超过300毫克/升时也不适宜。

5. 风

香蕉叶片大，假茎质脆，根浅生，容易遭受风害。风速4~5级，叶片撕烂，叶柄吹折；8 级大风，假茎折断或整株吹倒；10 级狂风能将整个蕉园摧毁。南部沿海地区每年 5 月至 11 月都要遭受台风的威胁，蕉园常受损。但季节风和海风，有调节气温的作用，对香蕉生长适宜。

（三）香蕉经济栽培区域的划分

1. 最适宜区

≥ 10℃ 积温 8 600℃ 以上，年平均温度 23.6~25℃，最冷月平均温度 15.5℃ 以上，极端低温高于 5℃。此区冬期香蕉生长结果正常，重点发展效益高的春夏蕉生产。本区包括海南，广东雷州半岛南部，云南元江河谷下游、西双版纳州，台湾高雄、屏东、台东等地。

2. 适宜区

≥ 10℃ 积温 8 000~8 500℃，年平均温度 22.5~23.5℃，最冷月平均温度 13.6~15.4℃，极端低温高于 2℃。此区一般年份冬期香蕉生长结果基本正常，但少数年份有严寒侵袭，使香蕉生长结果受较严重影响，应注意秋冬蕉生产，同时可安排一定比例春夏蕉生产，但也要注意选择避寒地形，还应适当安排较耐寒、高效益的龙芽蕉、粉蕉品种。本区包括广东西南与东部的沿海市县，福建南端沿海市县，广西北海市，云南文山州、红河州、普洱市等海拔 700 米以下地区，台湾台中、台南、嘉南平原等。

3. 次适宜区

≥ 10℃ 积温 7 500~8 000℃，年平均温度 21~22.4℃，最冷月平均温度 12.5~13.5℃，极端低温 <2℃。本区一般年份冬季低温对香蕉生长结果有不同程度的影响，严寒年香蕉大部分或全部被冻至

死，一般不适宜春夏蕉生产，应安排较大比例的抗寒力强的大蕉、粉蕉、龙芽蕉。香蕉以秋冬蕉生产为主，小气候条件较好的地方需进行春夏蕉生产时，要切实选择避寒地势与耐寒品种，认真做好防寒护果措施。本区包括珠江三角洲中南部、广东东部的北部市县，广西南部市县，福建东南部沿海市县，云南哀牢山以东海拔400~800米地区，以及澜沧江、南定河海拔700~1 000米地区。

粉蕉要求年平均温度20℃以上，最冷月平均温度高于11℃，极端低温高于0℃，霜日少于3天的条件，可在北纬25°以南地区栽培。大蕉要求年均温19℃以上，最冷月均温高于9℃，极端低温高于-2℃，霜日少于6天的条件，可在北纬27°以南地区栽培。

二、香蕉建园与种植

（一）园地的选择和规划

1. 园地选择

宜选择土层深厚、富含有机质的砂壤土、壤土、黏壤土，pH 5.5~6.5，保水保肥力强，排水良好，底土不宜有积水，涝能排、旱能灌的土壤建园。前作为茄科、葫芦科、十字花科等蔬菜及瓜类地不宜选用。地下水位无法降至 ≥ 50 厘米的地段也不宜选用。

2. 园地规划

（1）道路系统

小型蕉园必须有路可通拖拉机；大型蕉园还必须建有大路可通大卡车。

（2）排灌系统

香蕉耐旱性和耐涝性都很差，因此应建好蕉园的排灌系统，大于 300 亩（1 亩 ≈ 0.066 7 公顷）的水田蕉园，四周应设置总排灌沟，宽 50~100 厘米，深 150~200 厘米。园内应设置纵沟，并与畦沟相通，以便于排水和灌水。

（3）营造防护林

蕉园小区（林段）大小以 45~105 亩为宜，其周围宜营造防护林带，所用树种不应与香蕉具有相同的主要病虫害，可选用小叶桉等速生乔木树种，株行距为 1 米 ×2 米，林缘距 5~6 米。

3. 整地方式

香蕉忌黏重板结的土壤，因此在挖穴前蕉园要深翻土壤 20~30 厘米。经耙地后，使表土疏松细碎，并捡净树根和茅草、硬骨草、香附子等恶性杂草。

（1）水田蕉园

水田蕉园一般地势较低，易渍水，因此，宜采用高畦深沟、双行种植的栽培方式，以降低地下水位，利于香蕉正常生长与发育。起畦后畦长 50~100 米，畦面宽 3.5~4 米（亦可根据实际需要对畦面宽另行设计）；畦沟面宽 0.8~1 米，深 0.8~1 米，地下水位降至 50 厘米以下；畦面行间也可酌情再挖一条小浅沟。一定要设置总排水沟，做到涝能排、旱能灌。

（2）旱田蕉园

旱田蕉园，是指坡地上的水田蕉园，其地下水位较低，排灌方便，但多数土层较薄，土壤较瘦。整地时，要先深耕土壤，后起浅畦，通常采用单行种植，起畦后沟深、沟宽各 30 厘米，畦长 80~100 米，并设置 2 级排灌沟，以利于雨天排水。

（3）旱地蕉园

旱地蕉园，是指不能自流灌溉的丘陵坡地蕉园，一般要靠抽水或提水灌溉。整地时，要注意搞好水土保持和蓄水引提水工程，重视土壤改良。坡度较大的蕉园应使种植行低陷，即采用浅沟种植的方式，浅沟面宽 80 厘米，深 10~15 厘米；有条件的应修筑水平梯田。在平缓坡地沙壤土植蕉，可先定植后起浅畦；沙性较强的，也可以采用浅沟种植。浅沟种植便于灌溉、培土。

（二）种　　植

1．品种选择

（1）中国香蕉主要品种

中国香蕉主要品种有香香蕉（AAA，Pisang Awak）、大蕉（ABB）、龙牙蕉（AAB，Silk）和贡蕉（AA，Pisang Mas）。贡蕉中，巴西蕉是最受香蕉产区欢迎的品种，占了种植面积的一半以上，其他品种有威廉斯、广东 2 号、漳蕉 8 号及地方品种高脚遁地雷等。

（2）广东香蕉品种区

根据广东省香蕉存在易受冬季低温、夏季台风危害的问题，需制定品种与收获期区域化。保证香蕉周年均衡供应，规避市场低价风险和气候风险。

①茂名市。冬季气温较高，夏季台风危害少。适合种植高产、优质的品种巴西香蕉、威廉斯、高脚遁地雷、泰国香蕉和广粉1号粉蕉等，收获期在6月至翌年5月。

②雷州半岛。冬季气温较高，夏季台风危害多。适宜种植高产、优质的品种中秆巴西香蕉，收获期在11月至翌年5月。

③珠江三角洲。近年来，工业化和城市化发展快，台风登陆次数减少，而且抗风栽培技术水平提高，适宜种植高产、优质的品种高杆巴西香蕉、威廉斯等，收获期在8月至翌年3月。

④东部沿海地区。5~9是台风季节，本区的台风危害比较大，适宜种植抗风性较强的广东香蕉2号、中秆巴西香蕉、广粉1号粉蕉，收获期在9月至翌年4月。

⑤北部山区（含韶关、梅州、清远、河源）。冬季低温，适宜种植抗寒性较强的粉蕉和大蕉类，但在部分暖冬年份，或地理位置特殊、避寒的地方，香蕉也可以过冬，获得一定的经济效益。现在通过大苗种植或冬季覆盖种植等一系列的配套栽培技术，清远、河源、梅州等地也可以实现当年种、当年收，取得较理想的收益，收获期在11月至翌年2月。

（3）海南香蕉主要品种

据海南省农业厅统计，海南现有香蕉面积为50万亩，其中有40万亩为巴西种，约占总面积的80%左右；还有泰国蕉、8818等其他一些品种，占的比例不足20%。巴西种具有高产稳产、果指硕长、保鲜性能好等优点，自1992年引进推广以来，深受生产者和消费者的喜欢。但随着国内市场的发展成熟以及香蕉市场的逐步国际化，巴西种的果型、果指和果梳等特征，就不太适合国内一些较高档的市场以及日本市场的要求，或者说不能在国内外香蕉市场卖高价。为了适应不同市场的需求，应该引进如我国台湾、日本的最佳香蕉品种新北蕉和培育新的优良品种，并在生产上推广应用，以更好地占领国内外不同档次的市场，为海南省香蕉产业争取更为广阔的市场空间。

2.种苗选择

为便于生产单位安排和选用试管苗和吸芽苗，现将试管苗和吸芽苗的优缺点做如下比较。

（1）试管苗

①特点。

a. 整齐，有利于管理和安排销售。

b. 矮化，便于栽培管理和抗风。

c. 脱毒，便于病虫害防治。

d. 果实商品率高。

e. 工作量大，成本高，连作地种植时工作安排有一定难度。

②栽培技术要点。

a. 选择纯正苗。

b 用无毒种苗。

c. 合理水肥管理。

d. 做好病虫害防治。

e. 做好果实养护工作。

（2）吸芽苗

①特点。

a. 成本低，工作量少，工作容易安排。

b. 有利于赶季节。

c. 不抗风，台风来临时风险较大。

d. 管理稍不到位，则容易使产品质量下降。

②栽培技术要点。

a. 适时均匀留芽苗。

b. 处理好植株残体，防止病虫流行。

c. 配合松土及时挖除老球茎，促进根系生长和植株矮化。

d. 水肥管理、果实养护、保鲜包装和销售等工作与试管苗管理技术基本一致。

e. 要十分重视芽苗的抗风工作，及时立竿保护。

3. 植期选择

试管苗从定植到采收期间约需 12 个月，故宜配合外销（部分内销）的需要，于 2~9 月栽种，面积大的生产单位因受外销和配量的限制，宜在此期间分批栽种。

（1）调节产期

不同种植期与留萌期对产期之影响（以台湾高屏地区为例）如下：

①种植。

a. 吸芽苗种植：

2 月种植——绝大部分收获 1~2 月冬蕉。

3 月种植——绝大部分收获 1~3 月冬蕉。

4 月种植——约 60% 春蕉，35% 冬蕉（多在 3~5 月采收）。

5 月种植——绝大部分收春蕉（4~6 月）。

6 月种植——大部分春蕉，少部分夏蕉（5~7 月）。

7 月种植——大部分收夏蕉（6~8 月）。

8 月种植——大部分收秋蕉（7~9 月）。

9 月种植——大部分收秋蕉（8~10 月）。

b. 组织培养苗种植：

2 月种植——大部分收冬蕉（1~3 月）。

3 月种植——大部分收冬蕉（2~4 月）。

4 月种植——大部分收花龙蕉及春蕉（3~5 月）。

5 月种植——大部分收春蕉（4~6 月）。

6月种植——收春蕉及夏蕉（5~7月）。

7月种植——大部分收夏蕉（6~8月）。

8月种植——大部分收秋蕉（7~9月）。

9月种植——大部分收秋蕉（8~10月）。

②留萌（以萌芽出土为准）。

2月留萌：大部分为冬蕉，少数为春蕉。

3月留萌：60%冬蕉，40%春蕉。

4月上中旬留萌：春蕉55%~60%，冬蕉40%~45%。

5月留萌：大部分为春蕉，少部分为冬蕉。

6月留萌：春夏蕉均有。

7月留萌：大部分收夏蕉。

8月留萌：大部分收秋蕉。

9月留萌：大部分收秋蕉。

注：a.组织培养苗是试管苗；留萌是留吸芽。

b.可春植、夏植或秋植，不宜冬植。

c.种植期2~6月为台湾高屏地区资料，7~9月为适应市场需要自行安排。

③抽穗后提早成熟期调节方法。

a. 疏果：疏去不整齐、发育不良、不足重量及超过重量的果把及狮头把，减少果把，可提早采收。

b. 套袋：套PE塑胶袋，可提早采收。

c. 追肥：抽穗后每株香蕉再追加施用尿素100克，可提早采收。

d. 割叶：香蕉抽穗时健叶数如尚有12片以上，可割去2片叶，但至少应保留9片，可提早采收。

e. 灌溉：干旱期如能供给充足的水分可提早一两个月采收时间。

f. 清园：清除病株、枯叶，割除病叶，使其蕉园空旷，日光能充分的照射，可提早采收。

（2）各季节香蕉采收适当饱满度

下面以台湾地区香蕉生产为例，介绍不同季节香蕉采收适当的饱满度。

①台湾高屏区香蕉开花至采收日期。

冬蕉——9 月下旬至 11 月上旬终花，1 月中旬至 3 月中旬采收，生长期 100~135 天，饱满度，8 成熟。

花龙蕉——11 月上旬至 12 月中旬终花，3 月下旬至 4 月中旬采收，生长期 119~132 天，饱满度，8 成熟。

黑皮春蕉——12 月下旬至 1 月下旬终花，4 月下旬至 5 月中旬采收，生长期 109~115 天，饱满度，7~7.5 成熟。

白皮春蕉——2 月上旬至 3 月下旬终花，5 月上旬至 6 月中旬采收，生长期 79~102 天，饱满度，7~7.5 成熟。

大头夏蕉——4 月上旬至 4 月中旬终花，6 月下旬至 7 月上旬采收，生长期 72~79 天，饱满度 6.5~7 成熟。

大脐夏蕉——4 月下旬至 5 月上旬终花，7 月上旬至 7 月中旬采收，生长期 67~72 天，饱满度，6.5~7 成熟。

尖尾夏蕉——5 月中旬至 6 月下旬终花，7 月中旬至 9 月下旬采收，生长期 55~62 天，饱满度，6.5~7 成熟。

秋蕉——7 月上旬至 9 月中旬终花，9 月下旬至 1 月中旬采收，生长期 75~96 天，饱满度，7~7.5 成熟。

注：香蕉开花至采收所需日数，受温度影响很大。低温成熟缓慢，高温发育快，所需日数少。

②台湾台中地区开花至采收日期。

秋蕉——开花 7 月上旬至 9 月上旬，收获 9 月下旬至次年 1 月中旬生长期 114~122 天。

冬蕉——开花 9 月中旬至 10 月上旬，收获 1 月下旬至 3 月上旬，生长期 129~154 天。

花龙蕉——开花 10 月中旬至 12 月中旬，收获 3 月中旬至 4 月中旬，生长期 154~162 天。

黑皮春蕉——开花 12 月中旬至次年 1 月中旬，收获 4 月中旬至 5 月中旬，生长期 162~129 天。

白皮春蕉——开花 1 月下旬至 2 月下旬，收获 5 月下旬至 6 月中旬，生长期 124~107 天。

大头夏蕉——开花 3 月上旬至 3 月中旬，收获 6 月中旬至 6 月下旬，生长期 103~102 天。

大脐夏蕉——开花 2 月下旬至 4 月上旬，收获 7 月上旬至 7 月中旬，生长期 98~95 天。

尖尾夏蕉——开花 4 月上旬至 6 月下旬，收获 7 月中旬至 9 月下旬，生长期 85~93 天。

注：香蕉开花至采收所需日期，受温度影响很大，低温成熟缓慢，高温发育快，所需日数少。

4. 种植密度

组织培养健康蕉苗可以密植，以增加单位面积产量，以宽窄行三角形栽培方式配合喷药车地面喷药来防治香蕉叶部病虫害。以前采用栽培方式为窄行 1.2 米，宽行 3.6 米，株距为 2.1 米，行三角形方式栽培每公顷约为 2 000 株。20 世纪 80 年代以后推广栽培为窄行 1.2 米，宽行 3 米，株距为 2.1 米，行三角形方式栽培每公顷 2 200 株，这样可以增加单位面积产量，减少大把蕉产生，提高外销合格率。

香蕉栽培，在海南省许多蕉园都有季节性排水不良的现象，且因多年连作，土壤缺乏有机质，因此单位面积产量偏低，使生产成本相对增高。采取双行密植方式栽培，可改善排水，提高香蕉外销合格率，及方便管理作业，尤其能便利使用喷药车施药，并配合种植绿肥，改良土壤肥力。

（1）香蕉双行密植栽培

①种植方式及株行距。宽行之行距为 3~3.6 米，窄行行距为 1.2~1.5 米，株距 1.8~2.1 米，并以三角形方式种植（图 4）每公顷种植株数约 2 200 株。

②作畦。于植蕉之窄行上做一畦，宽 45 厘米，新植蕉园应于种植前完成作畦，旧蕉园亦应在香蕉采收后即行培土作畦（图 5）。

③开灌排水沟。在窄行中间做沟宽 30 厘米，变成两畦，畦宽 45 厘米，沟深 15 厘米，以利于排水。

④种植绿肥。为增加土壤有机质及改良土壤理化性质，可于夏季在宽行播种田菁，播种期宜配合做好畦及香蕉种植完毕后播种，

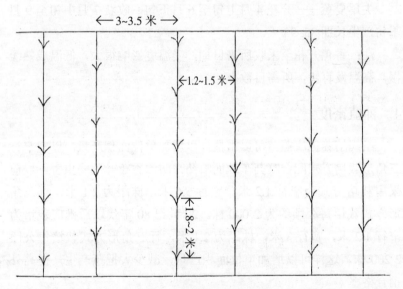

图 4　种植方式及株行距

图 5　开设排水沟及灌水沟所形成的畦

当田菁高 60~90 厘米时可用割草机收割覆盖于畦面上。宽行可用耕耘机松碎翻埋田菁遗留下的残株头，以便行走与喷药车施药时行走及回转。

（2）双行密植栽培优点

①单位面积株数增加，可增加产量，适度密植，又可减少大把蕉，提高外销合格率（表1）。

②利用宽行在夏季播种田菁，可减少养分损失，增加土壤有机质，并改善土壤理化性质。

③作畦及开设排水沟，有促进香蕉根部生长的效果。

④行间宽阔，光线充足，空气流通，香蕉果穗85%以上朝宽行着生，有利于蕉果发育且方便实施疏果、套袋、采收、喷药、机耕管理等作业。

表1 单位面积（每亩）不同密度栽植株数

密度	宽行	窄行	株距	一株面积	实际可植株数	备注
125 株/亩	3.60 米	1.50 米	2.10 米	5.355 米²	125 株/亩	各种蕉苗适宜
	3.00 米	1.50 米	2.37 米	5.333 米²	125 株/亩	
	3.00 米	1.20 米	2.58 米	5.418 米²	123 株/亩	
135 株/亩	3.60 米	1.20 米	2.04 米	4.896 米²	136 株/亩	吸芽苗适宜
	3.00 米	1.50 米	2.19 米	4.928 米²	135 株/亩	
	3.00 米	1.10 米	2.34 米	4.914 米²	136 株/亩	
150 株/亩	3.60 米	1.20 米	1.86 米	4.464 米²	149 株/亩	吸芽苗及组培苗适宜
	3.00 米	1.50 米	1.95 米	4.288 米²	152 株/亩	
	3.00 米	1.20 米	2.10 米	4.410 米²	151 株/亩	
165 株/亩	3.60 米	1.20 米	1.71 米	4.104 米²	163 株/亩	组培苗适宜
	3.00 米	1.50 米	1.80 米	4.050 米²	165 株/亩	
	3.00 米	1.20 米	1.95 米	4.095 米²	163 株/亩	

注：坡地种植宜较密，水田种植宜较疏；高秆品种宜较疏，矮秆品种宜较密。

5. 蕉苗定植

（1）定植时期

海南省自然条件的优势，有利于反季节蕉的种植，选择适宜的定植时期，是海南省香蕉生产取得成功的主要技术环节之一。如定植过早，当年既易遭风害，又易抽生冬蕉，产量偏低；定植过晚，不但不能在次年 6 月前收获，造成销路不畅、蕉价低，而且易受台风威胁。适宜定植时期应根据地理位置、栽培目的和市场需求而定。根据历史经验，海南省以生产春夏蕉最为合适，适宜的定植时期为 4 月上旬至 6 月上旬。其中，北部地区以 4 月上旬至 5 月中旬为宜；而南部、西南部地区以 5 月中旬至 6 月上旬为宜。这样，在当年 7~10 月的夏秋台风盛期，香蕉植株尚小，不易被吹倒折断，一般可以避过当年风害。在正常管理条件下，可在次年的 3~6 月收获，从而使挂果期有效地避过台风盛期的影响；由于收获季节恰逢北方水果淡季，蕉果适合北运，可确保香蕉高产高效。

但为配合外销的需要，则需参考台湾的经验，即分期定植，分批采收，以适应市场的需求。至于自然影响，应通过一些防范措施加以克服。其具体种植期可参阅植期选择中的调节产期部分。

（2）挖穴

挖穴方式有人工挖穴和机械挖穴两种。水田蕉园一般采用人工挖穴。人工挖穴时要求表土放于同一边，心土放在另一边，以便于回土。而在旱田、旱地的蕉园，如面积达 45 亩以上，建议采用机械挖穴，以提高效率，降低成本。水田、旱田蕉园的植穴规格一般为面宽 50 厘米，穴深 40~50 厘米，底宽 40 厘米。旱地蕉园可稍大，其植穴规格一般为面宽 60~70 厘米，穴深 50~60 厘米，底宽 50~60 厘米。

（3）回土与施基肥

施基肥应结合回土进行，每穴施有机肥约 15 千克、过磷酸钙 0.75 千克。为了避免发生肥害，施基肥要求做到：

①牛粪、猪粪、鸡粪、甘蔗滤泥、剑麻渣等有机肥必须提前堆沤，待充分腐熟后再施用。

②过磷酸钙应充分打碎并过筛，然后与有机肥混匀成基肥。

③将基肥与表土混均匀后填入植穴的下半部，植穴上半部约15厘米深的表层内不含基肥，可避免幼苗根系直接接触基肥。

回土、施基肥时，应避免以下几种常见错误：

a. 施用未经腐熟的新鲜牛粪等有机肥。

b. 基肥施于穴面上，并有结块的过磷酸钙。

c. 基肥尚未与表土混合均匀。

d. 回穴不满，导致水浸苗或土埋及苗的心叶。

e. 回土成龟背形，导致日后蕉苗浮头。

（4）定植

应尽量选在阴凉天气进行定植，避免在高温干旱天气定植。晴天定植，应在16：00后或傍晚进行。如定植后遇高温干旱天气，可临时用带叶的树枝或芒萁等材料插在蕉苗周围，并加强淋水，以防止蕉苗发生日灼，提高定植成活率，缩短缓苗期。定植香蕉组培苗时，首先要剥净育苗袋（注意不要弄散袋土），然后用湿润细碎表土覆盖在蕉苗袋土周围，种植深度比原袋面高出2~3厘米，压紧袋土外的土层，随即淋透定根水。应注意避免以下常见错误：

①选用嫩小苗或老头苗。

②不剥掉育苗袋，或只剥掉袋底。

③压散袋上。

④按压蕉苗头部。

⑤袋土露出穴面或浮头。

⑥定植过深，埋土至心叶。

⑦蕉苗深陷于凹穴中。

三、香蕉园土壤管理

（一）土 壤 覆 盖

于秋冬干旱季节覆盖，效果最好。宜用稻草、甘蔗叶、蕉叶等植物残秆残叶或塑料薄膜覆盖畦面。

（二）蕉 园 除 草

植后初期（组培苗植后头 3 个月内），植畦上如有杂草，应及时人工除净，不宜使用除草剂；中期以后（组培苗种植 4 个月后）可进行机械除草或使用化学除草剂，可采用 20% 克无踪水剂 200 倍液喷雾，这种药剂对杂草有灭生性触杀作用。使用此除草剂时勿喷到蕉叶。在香蕉抽蕾后至采收前应停止使用化学除草剂。严禁使用草甘膦（属内吸型广谱灭生性除草剂），以防香蕉根系受到破坏，叶片变小，生长不良。

（三）间 作 与 轮 作

植后初期可适当间作花生、大豆、生姜等短期作物，但不宜间作与香蕉有共同病虫害的作物，如茄科、葫芦科、十字花科等蔬菜及瓜类作物。

种植香蕉 3~5 年之后，香蕉植株抗逆的能力逐渐减弱，易感染病虫害，产量和品质逐年下降，需要轮作，蕉园可与水稻、甘蔗进行轮作。广东珠江三角洲地区，有的蕉农采取每年换位重新栽种新苗的方法，其做法是将原来蕉园的畦沟填泥，并种植上香蕉，而在原来的畦中间挖新的畦沟，这样既保持了香蕉生产的连续性，又能达到蕉园换位轮作的目的。

（四）蕉园中耕

在蕉苗定植后 2~3 个月内中耕 1 次，深度 15~20 厘米，平地蕉园宜浅些，山坡地蕉园可适当深些。进入营养生长期，香蕉根群和叶片的生长处于最活跃的状态，不适于中耕。每年在中耕松土时，及时将隔年的旧球茎（蕉头）挖除。当年的球茎要保留，使其养分供给新植株的生长。

（五）蕉园上泥培土

露出地面部分的球茎，根量比较少，抗逆性差，故必须定期上泥培土。广东珠江三角洲的蕉农，有上湿河泥、塘泥的习惯，这对防止球茎露头，促进香蕉生长发育极为有利。注意在下暴雨前后应停止上湿河泥或塘泥，以避免土壤缺氧引起大量烂根。选干旱天气上泥效果更好。

不具备上河泥条件的平地蕉园，可通过清理畦沟的方法，把畦沟淤泥铺在畦面。若能用上杂肥、蘑菇肥、火烧土培土那就更好。

（六）除　芽

环生于母株球茎的吸芽很多，有几个甚至 10 几个。吸芽的抽生及生长，会大量消耗母株的养分，降低母株生长速度，导致抽蕾推迟，产量下降，因此应及时除芽。通常在吸芽出土后长至 15~30 厘米高时除芽为宜，除芽方法有 2 种：

①用锋利的钩刀齐地面将其切除，然后捣烂其生长点，或用煤油 2~3 毫升点其生产点，即可抑制其生长。

②用锋利的蕉锹铲去吸芽的生长点及部分小球茎，但切勿伤及母株球茎。

（七）挖除病株和变异株

一旦发现患有束顶病和花叶心腐病的植株，便应及时喷药，杀灭蚜虫，而后将其挖除；也可先用草甘膦处理，每个病株从心叶倒入原液 8~10 毫升，待病株死亡后才挖除，以免病原传播扩散。

蕉园中形态特征异常的香蕉植株，属于变异株。多数变异株无经济价值，应随见随挖，并及时补种。

常见的变异株类型有两种。一种是矮化型，其特征为：植株矮粗，叶片短阔，稍厚，稍浓绿，稍反卷向下；叶柄短，较贴近假茎；假茎较粗壮，矮化。另一种是叶异常型，其主要特征是：叶片较直立，叶缘全部或局部皱缩，叶面有不规则或波浪状黑色或蜡质迹斑，有些伴有不规则透明迹斑，有些植株叶序不正常。

四、香蕉施肥管理

（一）香蕉对养分的需求

香蕉是对养分需求较多的经济作物。海南的香蕉种植园每年每亩都产出 3.3 吨以上的果实，有些甚至达到 4.7 吨以上。这些果实带走蕉园土壤中的大量养分，使土壤养分匮乏。科学施肥是补充土壤养分，实现香蕉高产稳产目标的有效途径。要做到科学施肥，就要了解香蕉对养分的需求及肥料特性。要明确施什么肥、何时施、施多少、怎样施。

香蕉生长发育中所必需的营养元素有 16 种，它们是碳、氢、氧、氮、磷、钾、钙、镁、硫、铁、硼、锰、锌、铜、钼、氯。按香蕉对其需求量的大小可分为大量营养元素、中量营养元素和微量营养元素。其中碳、氢、氧、氮、磷、钾属于大量营养元素；钙、镁、硫属中量营养元素；铁、硼、锰、锌、铜、钼、氯属微量营养元素。

1. 碳、氢、氧

这 3 种元素构成香蕉干重的 94%，是香蕉体内形成的各种有机物的主要成分，并参与一系列对香蕉生长发育极为重要的代谢反应。与其他矿质营养元素不同，它们主要是由大气和土壤水分提供，不需要施肥便可获取的重要元素。

2. 氮

氮是香蕉细胞的主要结构成分，是构成氨基酸、蛋白质、核酸等重要有机物不可缺少的元素。氮也是叶片光合作用的工厂——叶绿体中叶绿素的组成成分。当氮素供应充足时，香蕉可合成较多的蛋白质，促进细胞的分裂和增长，叶面积增加较快，从而提高光合作用。故氮对香蕉根茎叶的营养生长、果梳数、果指数、果指长及果实品质有重要的影响。

香蕉缺氮时表现为植株生长与叶片抽展缓慢，叶片呈黄绿色，果实发育饱满较慢，果实组织软弱，不耐储存。蕉株矮且有簇叶现象，即叶片在假茎上的节间距较短，在假茎上的回旋排列也会改变，叶片会相继排列在同一平面上，叶柄长而疏开，往往因承受不了叶片的重量而下垂。

3．磷

磷是组成细胞的结构物质和代谢活性物质的成分，对细胞的分裂，光合产物的运转，以及多种有机物质的代谢起着重要作用，磷的供给还可提高香蕉的抗逆性。香蕉对磷的需求量不多，田间很少看到典型的缺磷症状。砂培时缺磷症状表现为老叶边缘失绿且稍带蓝色或铜色，严重缺乏时叶片抽出速度缓慢且不规则，田间缺磷的现象为根系发育迟缓。

4．钾

香蕉对钾有特别的需求，是典型的喜钾作物。钾参与了香蕉体内的多种代谢过程，其物理作用超过生物化学作用。钾的供应可降低香蕉对钠的吸收，并参与氮的代谢，促进低分子氮化物转化成蛋白质。施钾可使香蕉球茎、假茎、果轴粗大、叶片增厚、果实饱满、增加果实含糖量、提高品质和产量。

香蕉缺钾时植株叶片寿命缩短，叶片小且抽出速度缓慢，老叶易变黄干枯，叶片碎裂向下折叠，中肋折断，但叶片仍保持竖立，严重缺乏时幼叶也会干枯，果实无法饱满。

5．中量营养元素及微量营养元素

香蕉对中量营养元素及微量营养元素的需要量极少，一般通过喷施叶面肥便可满足其需求。在常规施肥中，肥料也能提供某些中量、微量营养元素。如施用过磷酸钙时，除了对大量营养元素磷的供应外，同时也提供了中量营养元素钙。因此，本书不将这些营养

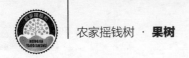

元素展开更深入的论述。

（二）常用肥料的特点

1. 氮肥

根据氮肥中氮素的存在形态，可把氮肥分为 4 种类型：铵态氮肥、硝态氮肥、酰胺态氮肥和氰氨态氮肥。目前海南的蕉园普遍应用的氮肥主要是尿素，它属于酰胺态氮肥，含氮量高达 46%，肥效较迅速。由于香蕉属浅根系作物，施用时应均匀施放，然后覆土，避免养分损失。施用后不宜立即灌水，否则会使尿素淋至深层，降低肥效。尿素作为香蕉根外追肥较为理想，在苗期，结合病虫害防治，用浓度为 0.3% 尿素溶液喷施叶面效果明显。

2. 磷肥

香蕉上所用的磷肥一般是过磷酸钙。过磷酸钙施入土壤后，其中的水溶性磷酸一钙常常与土壤的铁、铝或钙离子结合，生成溶解度很小的化合物，从而降低了磷的有效性。因此过磷酸钙常与有机肥混合做基肥使用，在追肥过程中大都使用复合肥来满足香蕉对磷的需求。

3. 钾肥

香蕉对钾肥的需求量最大，目前蕉园常用的钾肥是氯化钾和硫酸钾。两者均为高浓度速效钾肥，也都是生理酸性肥料，长期施用会使土壤酸化。其中氯化钾的含钾量为 60%，为白色或黄色结晶，有时含有铁盐而成浅红色，在苗期施用过多易发生盐害。硫酸钾的含钾量为 50%，并含硫 18%，除为香蕉提供大量营养元素钾外，还可提供中量营养元素硫。硫酸钾吸湿性小，物理性状良好，施用方便，是在香蕉施肥上较为理想的钾肥，但其价格较高。

（三）香蕉平衡施肥和营养诊断施肥

1. 平衡施肥

根据土壤养分状况，结合作物的实际生长情况，采取必要的土壤测量和作物诊断措施，为作物提供及时的、有针对性的、适量的施肥称为平衡施肥。

2. 营养诊断施肥

香蕉的营养不良，通常有一定的缺素症在叶片上表现，但到叶片出现缺素症时才施肥，多数已较迟了。故及早了解植株的营养状况，及时施肥，对提高香蕉优质高产很重要。目前营养诊断有两种常用的化学诊断测定方法，用来进行香蕉营养诊断，可作为判断是否需要施肥的依据。

（1）叶片分析法

①采样方法。利用叶片诊断香蕉的营养状况。通常取营养生长后期的第三片叶（即顶部第三片叶）中部靠近柄脉部分 10~20 厘米宽的叶片，每个蕉园采样 25~30 株进行分析。

②叶片营养诊断标准。香蕉叶片分析结果，受植株本身和外界因素影响较大，各国的诊断标准不一致。澳大利亚推荐的适宜标准为：氮 2.8%~4%，磷 0.2%~0.25%，钾 3.1%~4%。我国台湾省北蕉的叶片适宜标准为：氮 3.3%，磷 0.21%，钾 3.6%。广东省农业科学院土壤肥料研究所对香蕉钾肥研究分析后认为：叶片钾的适宜值为 5%~5.8%，钾氮比为 1.4~1.7；钾的缺乏值为 4% 以下，钾氮比为 1.1 以下。各地应根据当地的土壤、气候、品种及生长期，通过试验定出标准来指导施肥。

（2）土壤分析法

分析土壤中养分的含量，是了解土壤供肥力的有效方法，一般土壤分析项目包括有机质、全氮、速效磷、交换性钾等项目。一般认为，土壤中有机质含量 3% 以上，全氮 0.3% 以上，速效磷 15~20 毫克 / 升，交换性钾 300~350 毫克 / 升的养分含量丰富，可以不施肥或于花芽分化期施肥。有时土壤中钙、镁离子的大量存在，也会影响钾的有效性。有人认为，土壤中氧化钙：氧化镁：氧化钾为 10：5：0.5 是良好的比例。另外，土层的深度也是决定土壤营养总供给量的重要因素。

（四）推荐使用肥料种类

生产实践总结出适合香蕉生产的肥料种类如表 2 所示。

表 2 香蕉生产推荐使用的肥料种类

肥料种类	名 称	简 介
有机肥料	堆肥	以各类秸秆、落叶、人畜粪便堆积而成
	沤肥	堆肥的原料在淹水的条件下进行发酵而成
	积肥	猪、羊、牛、鸡、鸭等禽畜的粪尿与秸秆垫料堆成
	绿肥	栽培或野生的绿色植物体作肥料
	沼气肥	沼气液或残渣
	秸秆	作物秸秆
	泥肥	未经污染的河泥、塘泥、沟泥等
	饼肥	菜籽饼、棉籽饼、芝麻饼、茶籽饼、花生饼、豆饼等
	灰肥	草木灰、木炭、稻草灰、糠灰等

（续表）

肥料种类	名　称	简　介
商品肥料	商品有机肥	以生物物质、动植物残体、排泄物、废料加工制成
	腐殖酸类肥料	甘蔗滤泥、泥炭土等含腐殖酸类物质的肥料、环亚氨基酸等
	微生物肥料	根瘤菌肥料：豆科植物上形成根瘤的根瘤菌剂
		固氮菌肥料：含固氮菌、联合固氮菌剂的肥料
		磷细菌肥料：含有磷细菌、解磷菌、菌根菌剂的肥料
		硅酸盐细菌肥料：含有硅酸盐细菌、其他解钾微生物制剂
		复合微生物肥料：含有 2 种以上有益微生物，它们之间互不拮抗的微生物制剂
	有机-无机复合肥	以有机物质和少量无机物质复合而成的肥料，如畜禽粪便加入适量锰、锌、硼等微量元素制成
	无机肥料	氮肥：尿素、氯化铵
		磷肥：过磷酸钙、钙镁磷肥、磷矿粉
		钾肥：氯化钾、硫酸钾
		钙肥：生石灰、石灰石、白云石粉
		镁肥：钙镁磷肥
		复合肥：二元、三元复合肥
		复混肥：二元、三元复混肥
	叶面肥	生长辅助类：青丰可得、云苔素、万得福、绿丰宝、爱多收、迦姆丰收、施尔得、云大 120、2116、奥普尔、高美施、惠满丰等
		微量元素类：含有铜、铁、锰、锌、硼、钼等微量元素及磷酸二氢钾、尿素、氯化钾等配置的肥料
其他肥料	海肥	不含防腐剂的鱼渣、虾渣、贝壳类等
	动物杂肥	不含防腐剂的牛羊毛废料、骨粉、家畜加工废料等

注：a. 选用推荐使用的肥料种类时，不应使用硝态氮肥。

　　b. 推荐肥料施用比例为氮(N)：磷(P_2O_5)：钾(K_2O)＝ 1：(0.5~0.6)：(2~3)

　　c. 表 2 摘自"无公害食品　香蕉生产技术规程"中华人民共和国农业标准 NY/T5022-2001，2001-10-01 实施。

（五）香蕉各类肥料单株用量

结合生产，现总结香蕉生产基肥、追肥全年各月各类肥料单株用量如表 3 所示。

表 3 香蕉基肥、追肥全年各月各类肥料单株用量

攻三关	月份	叶龄	有机肥（千克）	过磷酸钙（克）	花生饼（千克）	水（千克）	复合肥（克）	尿素（克）	硫酸钾（克）	施肥方法
前期	5	6~9	15	750						定植前穴施
	6					5	5		5	浓度为 0.2%
		6				5	5		5	
	7					5	10		10	浓度为 0.4%
						5	10		10	
		8				5	15		15	浓度为 0.6%
	8	7	5	250	0.5~1		75	50	50	滴水线处开浅沟撒施，后盖土
							75	50	50	

定植后 10~15 天，第 1 片新叶全展开时开始追肥，将肥液淋施于蕉苗周围 10~15 厘米处

攻三关	月份	叶龄	有机肥（千克）	过磷酸钙（克）	花生饼（千克）	水（千克）	复合肥（克）	尿素（克）	硫酸钾（克）	施肥方法
中期	9	6					100	50	100	浅松土，撒施肥料于根区内，覆土、淋水
							100	50	100	
	10	5					100	50	100	浅松土，撒施肥料于根区内，覆土、淋水
							100	50	100	
	11	4					100	50	100	灌水后，撒施肥料于根区内
							50	50	100	
后期	12	3					50	50	50	灌水后，撒施肥料于根区内
							50	50	50	
	1	2					50		50	
	2	3					50		50	
	3	3					50		50	
合计			20	1 000	0.5~1		1 000	500	1 000	
亩用量			3 000	150千克	75~150千克		150千克	75千克	150千克	按 150 株/亩

①表 3 按 5 月香蕉试管苗定植时的叶片数，设定为 6~9 叶龄。

②以广东珠江三角洲为例，试管苗种植按株产 25 千克计算，每年每株施复合肥 500~700 克、尿素 500 克、过磷酸钙 500 克、硫酸钾或氯化钾 1 000~1 500 克。因香蕉属于忌氯作物，最好使用硫酸钾，特别是出口香蕉，一定要使用硫酸钾，定植时每株另加有机肥 15~20 千克，这样的施肥量基本上满足了香蕉生长发育的需求。参照以上肥料种类、施肥量，结合历年实践经验，设计了以上香蕉基肥、追肥全年各月各类肥料单株用量表。此表适用于试管苗种植使用。

③宿根蕉（用吸芽种植的香蕉）的施肥量为新植蕉（用试管苗种植的香蕉）的 80%~85%。

④吸芽苗植后前 3 个月可按以下方法施肥：

吸芽苗植后 20 天可以开始施水肥，首次施稀释 4 倍的粪水 5 千克 + 尿素 25 克 + 复合肥 25 克。即每株周围 10~15 厘米处，淋施 5 千克肥液（如无粪水也可以用清水代替，注意将肥料经搅拌溶解后淋施）。以后每隔 20 天施一次肥，并逐步加大肥料用量。一般每次施尿素 50~100 克 + 复合肥 50~100 克，间隔加入钾肥 50 克，水施或开浅沟撒施后盖土。

⑤土壤偏酸性的旱地，每年可施熟石灰 100~150 千克/亩；内陆性坡地蕉园（赤红壤、红壤），每年可施镁肥（钙镁磷肥 25~50 千克/亩，农盐 2.5~7.5 千克/亩），与有机肥堆沤做基肥施用。

⑥根外追肥。尿素（0.5%~1%）、磷酸二氢钾（0.1%~0.3%），喷施 2~3 次，每次间隔 7~10 天，有显著增产作用。

中量营养元素钙、镁、硫，微量营养元素铁、硼、锰、锌、铜、钼，可结合病虫害防治，添加到叶面肥中喷施来满足香蕉的需求。中量营养元素和微量营养元素一般在植株出现缺素症状时才施用。目前常用的有硫酸镁（0.3%~0.5%），硼酸（0.1%）或硼砂（0.1%），硫酸锌（0.1%），硫酸锰（0.1%），硫酸亚铁（0.1%）和钼酸铵（0.01%~0.03%）等。

香蕉叶片缺素症状综述如表4所示。

表4 香蕉叶片缺素症状

叶龄	叶片症状	其他症状	所缺元素
老叶和幼叶	均匀一致的暗淡发白	粉红色叶柄，中肋弯曲（下垂枯萎）	氮、铜
幼叶	整片叶黄白色，横穿叶脉的条斑，沿着叶脉出现条纹，边缘失绿	侧脉增粗，叶片畸形（不完全），幼叶背面带红色，叶脉增粗，从边缘向内逐渐坏死	铁、硫、硼、锌、钙
老叶	边缘锯齿状失绿，叶片中部失绿，中肋及边缘仍保持绿色，叶片暗黄绿色、橙黄色失绿	叶柄折断，幼叶带青铜色，失绿界线不明显，假茎散把，叶片弯曲，很快失水	磷、镁、锰、钾

根外追肥可于定植后前3个月和断蕾后进行，其他时间视叶面营养状况而定。

⑦宜配合施用有机肥、化肥和微生物肥。农家肥应经充分腐熟后才能使用。

五、香蕉水分管理

香蕉水分管理总的原则是：应及时排除园内积水；当土壤田间持水量（占体积 %）≤ 75% 时应及时灌水，抽蕾期需水量大，应加强灌水，采果前 7~10 天宜停止灌水。

（一）自流灌溉与抽水灌溉

自流灌溉——是旱田蕉园采用水库的水进行灌溉。

抽水灌溉——是旱地蕉园采用抽水机抽的水进行灌溉。

上述两种灌溉，包括水田蕉园一般都属于漫灌。其特点是用水量大，水资源浪费多。

1. 灌溉

目前蕉园的水分管理灌溉次数是依香蕉的需水量、土壤蒸发等情况而定。一般常采用以下方法：

定植后：灌定根水。

定植后 7 天内：每天早晚各灌 1 次水。

定植 8 天后：一般每 5~7 天灌 1 次水。高温干旱季节 1 周灌 2 次；低温干旱季节 10~15 天灌 1 次水。

雨天（若水量够用）或追水肥时，则可不灌。

采果前 7~10 天宜停止灌水。

灌水的时间依季节气温而定，夏秋季高温期于早晚进行，冬季宜于下午进行，春季日间灌水较好。

浅沟种植——对于疏水性较好的旱地蕉园，宜采用浅沟种植，即植穴低于畦面 10~15 厘米。这样有利于保持雨水，防止水土肥流失，对短期干旱有利，我省南部、西南部地区已大面积采用。

用稻草、甘蔗叶、蔗渣、无病虫蕉叶等植物残秆残叶或塑料薄膜覆盖畦面，是保水增产的有效措施，宜予采用。于秋冬干旱季节覆盖，效果最好。

2．排水

我省 11 月至次年 4 月为旱季；5~10 月为雨季。如土壤 30~65 厘米深处发现积水，即表示水分过多，须及时排水。积水地香蕉生长不良，叶色较浅，严重时还会使香蕉烂根，导致减产。

3．蕉园排灌渠道兴建

山地蕉园要有环山拦水沟和园内排水沟，以防冲刷，山地以沟灌或轮状灌溉为宜。

没有灌溉条件的山地蕉园，可结合修整排水沟时，在沟内分段贮水。使水渗入梯级土层中，加强秋季抗旱能力。

圩田地区，一般用沟灌，将水引入排灌沟中，浸水至根下可日排夜灌。

平地蕉园，在雨季前修好排灌水沟，防止畦面积水。

（二）节 水 灌 溉

目前我国推广的节水灌溉技术有渠道防渗，管道灌溉、喷灌、微灌等。在现有各种节水灌溉技术中，微灌是节水、增产效率最高的一种节水灌溉技术，是现代高效农业灌溉技术的发展方向。到目前发展的微喷灌、渗灌、雾灌、微灌施肥等都属于微灌技术。2000 年我国的微灌面积已经排在美国和西班牙之后，跃居世界第三位，但微灌在我国灌溉面积中的比例仅 0.5%，与发达国家相比，如以色列 69.7%、西班牙 16.8%，还有很大差距。

据农业部规划设计研究院、北京市双翼环能技术公司推荐，适应海南省香蕉生产节水灌溉技术设备的种类有：

滴灌：适于坡地（壤土、黏土）；

微喷灌：适于各种地形（各种土类）；

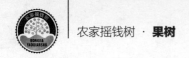

穿孔管微喷灌：适于平地（各种土类）；

微灌施肥：通过微灌系统中的施肥装置，将化肥溶液与灌溉水一同提供到作物根系附近的土壤中进行施肥的方法称微灌施肥。微灌施肥已成为薄壁多孔管微灌技术中普遍采用的施肥技术。

（三）菲律宾蕉园的喷灌与滴灌

连片蕉园都装有喷灌或滴灌设备进行水分管理。

1. 喷灌

旱季每天喷灌一次，经 1 小时之久，喷灌管柱高达 16 米，喷头可周转 360°，喷射半径为 60 米，园内相距 120 米即装置有喷水管柱一处。

2. 滴灌

沿着蕉园的走向在行间牵引塑管，管道在蕉头处开滴水孔，由抽水输入管道进行滴灌。

六、香蕉树体管理

香蕉的树体管理包括校蕾、修叶、疏果、整把与疏果、留梳与断蕾、抹花、套袋、标记及调整穗轴方向、支柱撑蕉、套袋前后的肥水管理、搞好蕉园田间卫生。

(一) 校　　蕾

香蕉蕾刚抽出时，可能刚好悬压在某张叶片上，当蕾轴继续伸长及重心外移时，会瞬间将叶片压折，蕾苞突然下垂将果轴折断。因此在叶片被压折以前，必须校蕾。方法是：用木叉将蕾苞轻轻顶起，缓慢移位到两张叶片的间隙，将蕾慢慢垂下，此项工作务必小心，用力不要过猛，否则操作过程中也有断果柚掉蕾的可能。另外，香蕉在抽蕾期间因为肥水条件较好、生长过旺及阴雨天气也存在掉蕾的现象。

(二) 修　　叶

在蕾下垂继续伸长时期，对可能触碰到蕉果的叶片，将其局部触及蕉果的叶片撕除。如果叶片中肋靠果穗较近，为避免风吹叶片伤蕉果，只能将整张叶片从叶柄基部处向外向下轻折离开果穗。影响较严重的只能将叶片从叶柄处割除。蕉农在田间操作中也有将叶片往侧边捆绑的，实践证明，绑叶往往会造成被绑的叶片干枯，不如折叶能保存叶片。

(三) 疏　　果

在蕉果开出 4~5 梳果时，必须对香蕉进行疏果整理。正常香蕉每梳只有上下两排果指，但有时会生出双胞果、单排果及三排果等不正常发育的果指，特别是头两梳较为常见。因此必须去除双胞果、单排果及三排果的中间果。如果每梳蕉的果指数多于 24 个（冬蕉）或 26 个（春夏蕉），还必须疏去多余的果指，先在果梳的两边各疏一个，中间每隔 3~4 个果指疏一个。原则是：同一个位置只能疏去一个果指，上下两排不能对齐疏果，否则会在蕉梳上留太大的间隙，在采收包装过程中容易断梳。疏果后头梳蕉果指数不足 10 个，尾梳蕉果指数不足 14 个，必须整梳去除。疏果必须及时，在蕉指较嫩时容易折断，要做到不伤及其他果指，且残留缝隙较小。

（四）整把与疏果

香蕉雌花展开后，果房末端花苞继续展开，无用的中性花与雄花消耗养分，故应及时切除。如能于最后果把的果指略向上弯时摘除最佳，果房才能得到充分的发育，增加果重。剪蕾时，同时疏果（注：剪蕾指断蕾）。

香蕉结果多的可到十把果梳，但难以全部饱满，故应依蕉株发育情形与季节有所区别，选留适当把数。通常一片健叶均可留一果把，但冬蕉生长期长，叶片寿命短，不宜留太多果把，夏蕉为配合外销市场需要宜少留。依外销标准每把香蕉重量定在 2 ~4.5 千克，如第一把果指太少或生长不整齐，狮头形，或可能超过 4.5 千克，三层蕉等应疏掉。据调查 1972 年各季节蕉第一把果重量及果指数如下（表 5）：

表 5　1972 年各季节蕉第一把果重量及果指数统计

季节蕉	冬蕉	花龙蕉	黑皮春蕉	白皮春蕉	大头夏蕉
第一把果重（千克）	4.48	5.07	5.91	5.33	4.85
第二把果重（千克）	3.78	3.99	4.52	4.45	3.76
第三把果重（千克）	3.30	3.64	3.83	3.80	3.32

（续表）

季节蕉	冬蕉	花龙蕉	黑皮春蕉	白皮春蕉	大头夏蕉
第四把果重（千克）	2.86	3.22	3.45	3.42	2.93
第五把果重（千克）	2.60	2.90	3.03	3.10	2.59
第六把果重（千克）	2.39	2.70	2.84	2.82	2.32
第七把果重（千克）	2.19	2.47	2.57	2.55	2.09
第八把果重（千克）	2.01	2.29	2.44	2.44	1.99
第一把果指数	23	22	26	24	25
第二把果指数	19	18	20	21	19
第三把果指数	18	18	17	18	17
第四把果指数	17	17	17	17	16
第五把果指数	16	17	17	17	16
第六把果指数	16	17	17	16	15
第七把果指数	16	16	16	16	15
第八把果指数	16	15	16	16	15

　　由表 5 可知花龙蕉、黑皮春蕉、白皮春蕉、大头夏蕉第一把果重往往超重很多，应疏去或疏果。

　　另据本所 1972 年 4 月调查，疏第一把蕉后之单株果重和收益与对照处理比较如下（表6）：

表6   疏第一把蕉后之单株果重和收益与对照处理比较

处理	把数	外销 （千克）	内销 （千克）	合计 （千克）	收益比较 （元）
疏第一把	7	21.37	2.46	23.83	201.4
未疏把	8	20.10	5.28	25.28	200.5

注：收益之计算外销价格以每千克9元，内销以3.72元计。

由表6知疏第一把后单株重量略减轻，但外销合格率高，收益并未减少。如末端果指春蕉少于14指，冬蕉及夏蕉未达16指，采收时可能达不到2千克的果把，及春蕉头一把超过20果指，采收时可能已超过4.5千克，亦应一并去除，其他如果指发育不良或双连指均不可留，但不论整把或疏果，宜注意切除之伤勿太接近果轴，并预留一个果指，以免果轴腐烂影响末端果梳的发育（预留的果指也可以作为注明剪蕾的日期）。

（五）留梳与断蕾

留梳一般香蕉每串果穗都能抽出5~10梳以上果梳，香蕉的留梳数可根据树体的大小，功能叶片如每1.5片绿叶留一梳果的数量，果轴的粗细来决定。一般情况下冬蕉不宜超过6梳，春夏蕉不宜超过8梳，在留梳过程中，如果果梳数较多选择的情况下，可以考虑去除头梳。留足梳数后，断蕾，当花蕾能成果的花段开放完毕至不能成果的花段也有3~5梳时进行断蕾。断蕾可于晴天下午进行，断蕾时，最后一果只留一个果指。在距单果着生果轴下12厘米处断掉蕾苞。留足梳数及单果后断蕾越早越好，以免花蕾的伸长消耗香蕉树体的养分。注意疏果、留梳及断蕾时都必须空手操作，严禁使用小刀割除。

（六）抹　花

在疏果、留梳的同时应结合抹花（把雌花的花瓣，柱头一并抹掉）。抹花的时机最好在果指尚未完全展开、手触花瓣易脱落时。这样蕉指较拢，花瓣易落，花柱较脆，抹花工效较高，不伤果指，抹花后滴流的蕉乳也不玷污蕉果。有人认为在蕉果平展稍上弯时抹花最好，抹花过早会伤果，果把生长不长；有人甚至不主张抹花。但田间实践证明，抹不抹花及抹花的早晚对香蕉的生长及果指的长度没有明显的影响，只是要生产优质香蕉，就必须抹花。抹花时不宜戴手套，一株香蕉果串的抹花工作应分二次以上来完成，即在疏果时抹前 2~3 梳的蕉花，在留梳断蕾时再抹剩下的蕉花。

（七）套　袋

抽蕾后 2 周内套袋。

香蕉在抹花留梳断蕾完毕后及时喷一次农药防治病虫害，药液干后便可套袋。套袋分果梳套袋和果穗套袋，果梳套袋是指除头梳外，用打有小孔的白色薄膜袋，套住每一梳蕉果，避免蕉果在返梳生长过程中，果指末端与上梳蕉的摩擦。果穗套袋是指先在蕉串套上珍珠棉，顶端用塑料片绳绑紧在果轴上，再用 2 张报纸绑在珍珠棉袋外，挡住西南方向及果串易晒的位置，避免太阳灼伤果指端部，外层再套一层蓝色塑料薄膜袋，同样顶端用塑料片绳绑紧在果轴上。套袋可起着防寒保温、蕉果着色好、减少病虫害及避免外伤的功效。

冬天可用不带孔的袋子，冬季严寒天气下袋口宜扎紧，天气变暖再将口散开。春夏季节的袋子应带孔，下袋口不绑。在袋子能套住整条果穗及条件允许情况下，套袋绑在果轴上的位置越高越好，最少也要离头梳香蕉着生果轴位置 30 厘米以上。

（八）标记及调整穗轴方向

套袋完毕后在果穗末端绑上一条塑料片绳，以标记不同时期断蕾的果穗。标记所用塑料片绳的颜色每周换一次，并登记好套袋株数。采收期可根据绳子的颜色进行统计，预估采收期。对不垂直地面的果穗，为避免歪梳、散梳和果梳不整齐，应用塑料片绳将果穗拉靠蕉树，让果穗与地面垂直。

（九）支柱撑蕉

在海南，对于在 1~3 月采收的香蕉，只对蕉树倾斜 15°以上的香蕉用柱支撑；4~6 月采收的香蕉，蕉树稍有倾斜或果穗较重的香蕉必须立柱支撑；7~12 月采收的香蕉，必须每株立柱支撑。而且在台风季节到来之前立柱完毕，以防台风。孕蕾期可在假茎背面立柱绑 2~3 道塑料片绳，即分别在 0.5、1.5 和 2.5 米高处各绑一道；挂果期在假茎侧面或背面立柱绑 3 道塑料片绳，即分别绑在 0.5、1.5 米高处和穗轴基端，立柱位置一般在离蕉头 20 厘米处打洞，洞深 40~50 厘米，将木柱立进洞中，周围压紧。

（十）套袋前后的肥水管理

香蕉果指在返梳时是幼果生长较快的时期，因此必须对蕉果喷施液肥，浓度不宜过高，否则很容易对幼果造成伤害。可用蕉长青＋磷酸二氢钾，采用细雾滴自下而上均匀喷施，以果有雾滴而不汇流为佳。果面肥可结合病虫害防治同时进行，例如结合第一次抹花后或套袋前，对果穗喷施一次防治香蕉黑星病的杀菌剂（霉得克 40% 可湿性粉剂 1 200 倍液）和防治香蕉花蓟马的杀虫剂（好年冬 20% 乳油 600~800 倍液），混入上述药剂同时喷施。

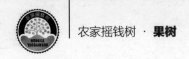

套袋后每株可施 100 克复合肥促进果实的增长，施用方法为灌水后撒施。

（十一）搞好蕉园田间卫生

及时割除植株上枯叶及受病虫危害严重的叶片（黄化或干枯二分之一以上的叶片），并清理出蕉园进行深埋或晒干烧毁。

七、香蕉自然灾害的预防及灾后管理

（一）风   害

1．风害的预防

①选种较矮化的抗风良种。如中南美洲国家的较矮化品种Cocos。台湾的 BF 香蕉矮化品种。广东珠江三角洲选用的广东 1号和广东 2 号。

②调节种植期和留芽期。一般 10 月至次年 4 月，台风发生较少，植株在这段时间抽蕾受台风影响较小。台湾高雄、屏东地区的平地蕉园，每年 3~5 月种植，或选留 3~4 月的吸芽，台风季节时植株较小，香蕉损害较轻。

③选择避风地形及设置防风林带。

④重视蕉园的土壤管理。经常培土，增施有机肥及钾肥、磷肥。

⑤设立防风支柱保护。

⑥重视象鼻虫的防治。

⑦菲律宾蕉园的防风防倒设施。在蕉园道路旁相距 600~700 米的两端竖立牢固的水泥或木栓支柱，中间每隔 60~70 米用两支木桩为撑架，防止中间牵引的钢丝绳下垂，柱高 5 米，在蕉行之间架设小铁线，当蕉株挂果的初期，即用坚实的塑料绳将果穗悬挂扎紧在铁线上。

2．风害的管理

①对蕉株已被折弯而中心果轴没有折断者，可及时用支柱撑着已倾斜的蕉株把头，使之扶起。对已开花结果的植株，先适当疏去2~3 梳果，然后用支柱扶起。

②对已开花结果的植株，其受风害较轻者，虽然植株没有折断、倒伏，但个别的叶柄已被折断，叶片被风吹裂成条状，影响叶片的光合效能，对产量有一定的影响。所以，应及时将折断的叶柄

割除，并适当疏去一部分果实，加强肥水管理，除地面经常淋水之外，并结合叶片喷水和根外追肥，使植株能尽快恢复生长。

③对香蕉植株已折断或倒伏者，在灾过后，应抓紧清园，将已折断或倒状的植株砍掉，及时追施速效复合肥，加强病虫害的防治，促使吸芽速生快长。

（二）涝　害

涝害是指雨季雨量偏多，蕉园排水不良浸水而造成对植株的伤害。蕉园受水浸后，香蕉根系因缺氧而腐烂，导致植株生长不良，蕉园浸水时间越长，植株受涝害越严重。蕉园浸水时遇上高温暴晒天气，涝害更为严重；退水迟比退水早的蕉园更为严重。植株强壮则较耐涝，圩田蕉园较坡地蕉园涝害严重。应根据蕉园情况搞好排水防涝工作。对地下水位高、排水条件不良的蕉园，要疏通各级排水沟，及时将蕉园多余的水排走，保持蕉园有较低的水位。这样，在雨水集中季节可避免涝害。

（三）旱　害

一般认为，香蕉需水量最理想的是每月平均降水量在100~150毫米，在任何一个月中降水量少于50毫米是严重缺水。从海南省年降水量情况分析，5~9月，月降水量都在100毫米以上，而10月至次年4月降水量逐月减少，尤其是12月至次年2月降水量都在50毫米以下，处于缺水的状况。在这种的栽培条件下，如果无灌溉条件或水分供应不足，必将影响香蕉生长发育、产量和品质。生产实践证明，香蕉在营养生长阶段遇上干旱，会使香蕉营养器官生长发育不良，生长速度和生长量显著下降；受旱严重时，叶片下垂，枯黄凋萎，气孔关闭，光合效能降低。在花芽分化前遇旱，会使营养器官出现早衰，营养积累少，花芽分化受到影响，果实的梳数和果指数明显减少，从而造成减产。在干旱季节，如能根据香蕉生长发育的生态要求，适地适时适量地进行灌溉，可以加速香蕉的生长，调节香蕉抽蕾、开花和结果期，提高产量和品质。

（四）低温霜冻

1. 防寒措施

（1）选种大苗或抗寒品种

冬季气温较低，易发生霜冻的地区，可选择大组培苗或大吸芽苗春种，争取在霜冻来到之前采收完毕。

（2）通过留芽措施，调控香蕉抽蕾期

寒害多发生在 12 月底至次年 2 月上中旬。所以，在寒害易发生的地区，应避免香蕉在 12 月至次年 2 月抽蕾，可通过留芽的措施，控制香蕉在营养生长阶段越冬。

（3）秋后增施有机肥和钾肥

香蕉植株体内养分积累多，对增强植株抗寒能力有一定的作用，秋后增施有机肥如草木灰、火烧土、鸡粪等，可以提高土壤温度和植株的抗寒能力。台湾省的经验是，蕉园平时多施钾肥，可增加香蕉的抗寒力。

（4）保护幼果、花穗越冬

10 月以后抽出花蕾的植株，在低温来到之前，用双层无孔洞塑料薄膜袋套住果穗或花穗。温度较低时，束紧袋下端的开口，温度高时应及时将袋口打开，以保证果实正常生长不受冻害。

（5）灌水减轻霜害

在低温霜冻来临之前多灌水，可提高土壤温度，保护根系，对防霜冻有一定的效果。

（6）蕉园覆盖

利用土杂肥、火烧土、稻草、干草、枯叶等覆盖在蕉头周围，可以起到保温和减少地温辐射散热作用，提高土壤温度，对增强根系活力和提高植株的抗寒能力有良好的效果。

（7）熏烟防霜

在收到霜冻预报后，可在蕉园周围收集稻草、杂草、木屑、谷壳及冬季清园的枯枝落叶等做燃烧材料，并混合泥土，分区堆放于蕉园，于降霜的当晚点火燃烧，散发出烟雾，可提高蕉园的温度。

2. 蕉园受霜冻后的补救措施

（1）及时灌水，使植株尽快恢复

香蕉受冻害之后，如果遇上干燥天气，会加速水分的丧失，遭受冻害的植株常因缺水而加剧危害程度，此时若及时灌水，可提高土壤的含水量，使植株尽快恢复生长。

（2）及时割除冻坏的叶片和叶鞘

叶片受冻后，叶片组织已受到破坏而失去生理活动能力。因此，应及时将受冻坏的叶片、叶鞘割除，特别是要注意割除树体顶部冻坏的筒状叶，防止腐烂部分继续往下蔓延。

（3）及时追施速效肥料，促进植株生长

植株受冻后大量叶片受损失，营养物质不足，急需补充养分，以恢复生长。这次的肥料以速效氮肥为主，掌握在立春（2月上旬）后及时追肥，以加速受冻植株的生长。

（4）根据香蕉植株受冻情况，选留吸芽

受冻害较轻的植株，估计能在春季以后抽出花蕾，春暖之后应将冬季选留的预备芽除掉，改留二路芽，提高母株的产量。如果母株受冻严重，没有栽培价值，可将母株地上部砍掉，集中培育好候补的吸芽，争取当年能够收到一季香蕉。

（5）加强蕉园土壤管理

春暖之后，要及时搞好清园工作，将冻坏的残株及烂叶清除。并进行锄芽（预备芽）松土和培土，使蕉园土壤疏松透气，以利于根系的生长。

生产实践证明，香蕉植株受冻后，只要加强栽培管理，抓好五项补救措施，即及时灌水、及时清园除虫、及时施足肥料、及时选留合适吸芽、及时锄芽（预备芽）松土等，就能达到当年结果，获得较好的经济效益。

八、香蕉病虫害及其防治

（一）主要病害及其防治

香蕉病害主要有香蕉根结线虫病、束顶病、花叶心腐病、香蕉茎腐病、叶斑病、黑星病、炭疽病等。

1. 根结线虫病

（1）症状

该病使蕉根局部肿胀形成一个个初为白色，后变为黄褐色的瘤子，严重时多个瘤子结成大瘤，表面粗糙，根部畸形丧失吸收功能，最后变黑腐烂。在水肥管理好的蕉园，香蕉地上部并无明显症状，但在苗期发病，蕉株矮小，叶片早衰无光泽，叶尖及下部叶片发黄或干枯，生长缓慢。

（2）发病规律

根结线虫病病原是一种微小的土居植物寄生线虫，主要为害香蕉根部，既可通过土壤传播，如用带病土种香蕉；也可通过水流传播，如用流经病地的水灌溉；还可通过人为传播，如购带病苗或用吸芽种植等。该病在广西各地均有发生，一般土质疏松干旱的地块发病重，而在黏质土和水田中发病轻。

（3）防治方法

可选用如下药剂防治：

①扑生畏 2 000 倍液或阿维菌素 2 000 倍液，交替使用。灌根位置应先进行松土，然后再灌根，以便于药液下渗，灌根药液大株 5 千克/株、小株 2 千克/株。于定植后 10~15 天进行，一般灌根 2~3 次，间隔期 10~15 天。重点用于重茬或前茬为茄果类的蔬菜地块。

②好年冬 5% 颗粒剂。建议每亩用量 5 千克；线虫严重的地块每亩 7 千克。定植前：将好年冬 5% 颗粒剂撒施与底肥混合均匀，定植盖土后浇水（如每亩 150 株，则每株 33 克）。定植后 4 个月：

将假茎周围 1 米直径内约 3 厘米深的表土扒开，再将药剂均匀地撒施入内，可与追肥混施，施后盖土浇水。

③米乐尔颗粒剂。建议每亩用量 5 千克。定植前：每株 33 克。定植后 4 个月：每株 33 克。施用方法同好年冬。

④ 10% 克线磷颗粒剂。定植前每株 15 克，定植后 4 个月每株 25 克。施用方法同好年冬。

2. 束顶病、花叶心腐病

（1）症状

束顶病的表现症状是：新长出的叶片，一片比一片短而窄小，形似剑状，叶光硬直，并成束长在一起，以致病株萎缩。老叶颜色比健株略黄，新叶比健株浓绿，叶柄短，硬而脆，易折断。新叶主脉有断断续续长短不一的浓绿色或黑色条纹，俗称"青筋"。球基红紫色，无光泽，大部分腐烂或变紫色，新根下发。营养生长期发病，不开花结蕾。现蕾期发病，不吐蕾或花蕾直生不结实。开花期发病，虽能结蕉，但果柄长而细，果实少而小，果端细如指头，肉脆而无香味。

花叶心腐病的表现症状是：新长出的叶片产生褪绿的黄色条纹或棱形环斑，呈花叶状。这些黄色条纹和环斑，先由叶缘发生，后向主脉方向扩展。病株叶缘轻度卷曲，顶部叶片有扭曲和束生倾向，病株表现矮弱，显著萎缩，甚至死亡。心叶及假茎内部出现水渍状病部，变褐而腐烂。该病多数在抽蕾前发生，少数在断蕾后发病。其表现为果轴先端中心腐烂，并迅速向后蔓延扩展，用任何杀菌剂都无法控制，导致果指不能发育饱满，果肉淡而无香味。此期发病常被误诊为"轴腐病"，潜伏期长达 12~18 个月。

（2）发病规律

香蕉束顶病、花叶心腐病都是病毒性病害。

香蕉束顶病，俗称"蕉公"。该病分布于广东、海南、福建与

59

云南等香蕉产区，感病植株矮缩，不开花结蕾，在现蕾期感病，果小而少，无商品价值，是一种毁灭性病害。该病远距离主要靠带病吸芽，近距离传播靠香蕉交脉蚜。10月到次年4～5月为束顶病的发生高峰期。

香蕉花叶心腐病，俗称"顶腐病"，分布于广东、广西、福建、云南与海南等香蕉产区。早期发病植株生长矮缩，严重的枯心致死，成长感病株则生长衰弱，不能结实。远距离传播靠带毒种苗，近距离传播靠病媒昆虫如棉蚜、玉米蚜和桃蚜。苗期比成株期发病严重，1米以下的幼嫩蕉苗最易感病。

（3）防治方法

这两种病毒病的防治措施是："以农业防治为主，化学防治为辅。"

①使用脱毒试管苗和无病健壮吸芽苗作种苗。香蕉脱毒试管苗在移植圃培育成大苗（14叶左右），选择无病健壮苗木进行定植，或在香蕉无病母本园选择无病健壮的吸芽苗定植，可减少这两种病害的发生。

②定植后在栽培管理过程中，发现病株应及时喷药（40%乐果乳油800~1 000倍液，或50%辟蚜雾1 500倍液）杀灭蚜虫后将其挖除；也可先用草甘膦处理，每株从心叶倒入原液8~10毫升，待病株腐烂后挖除。病株挖除后，对原穴位土壤撒施石灰消毒。

③人粪尿、畜禽粪便、饼肥、蘑菇土、沼气肥、火烧土、磷酸二氢钾等有机肥料、热性肥料和无机肥料是香蕉生长发育的最佳肥料。香蕉是一种典型的高钾作物，钾的需要量是氮的3倍以上。增施有机肥、钾肥和热性肥料，能增强树势，提高植株抗病力，减少这两种病害的发生。

④香蕉植抹感染病毒后，一般不立即发病，在管理不善，造成肥害、水害，或严重干旱以及喷药产生药害的情况下，植株抗病力下降的症状才表现出来。因此，在施肥、灌水、喷药上要小心，做

到薄肥勤施，及时排灌，喷药时不随意提高使用浓度和乱混农药。

⑤要勤检查，及时消灭传病媒介——蚜虫。同时重视叶面肥的应用。防病、治虫，根外施肥可同时进行。叶面肥，特别是高钾型叶面肥和"爱多收"，它能提高植株的抗病力，减少发病。

⑥施石灰、矿碱、改良土壤酸性。适宜香蕉生长的土壤 pH 是 4.5~7.5，但最适的是6~7.5的土壤。因此，土壤酸碱度在5.5以下的蕉园。每年每亩施石灰50~100千克，或矿碱5~10千克。降低土壤酸度，促进香蕉生长发育，增强树势，提高抗病力，减少这两种病害的发生。

3. 香蕉茎腐病

（1）症状

该病为害香蕉假茎，受害假茎初时出现水渍状褐斑，在潮湿条件下病斑迅速发展，不断扩大成褐色湿腐不规则状的大斑块，并逐渐向里感染健康假茎。发病严重时病斑围绕整个假茎，输导组织坏死，香蕉水分、养分输送中断，造成叶片、假茎变黄枯死，严重影响香蕉的正常生长发育。

（2）发病规律

香蕉茎腐病，俗称"烂头病"，指蕉头局部腐烂，属生理性病害。多发生在红壤土及沙壤土的蕉园，由于高温天气灼伤幼蕉基部组织，由土壤腐生的细菌感染所致，发病严重时腐烂发臭。同时腐烂部位有腐生昆虫发生为害。该病以低洼、地下水位高、管理水平差、偏施氮肥、清园不善、防治不及时的蕉园发病尤为严重。

（3）防治方法

对香蕉茎腐病的防治须从幼苗期抓好，其主要防治要点如下：

①田管措施。培好蕉畦、蕉株，保持畦面湿润干爽，做好蕉畦的浅耕除草工作；及时挖好蕉田四周和隔行大沟，降低地下水位，排除积水。

②施足有机肥。增施磷钾肥。用 0.3% 磷酸二氢钾加喷施宝、叶面宝，或用高美施、核苷酸喷施，促进叶片光合作用，使叶片生长健壮，增强树势，减少发病。

③人工清除病灶。假茎病斑发现病株，及时割除发病蕉株的枯残假茎，割至见到健康假茎为止。在健康假茎上，如还有小部分病斑，可用小刀把病斑部分剔出。集中深埋或烧毁，减少病菌源。

④涂药防治。整理病株后，可用 50% 溶菌灵 400 倍液或 70% 甲基托布津 500 倍液混合黄泥拌成浆，或用 1：1：10（硫酸铜 1 千克：生石灰 1 千克：水 10 千克）波尔多液涂刷香蕉假茎，每隔 10~15 天涂一次，连用 2~3 次。

⑤喷药并举。并用 25% 神州绿 1 000 倍液或 77% 可杀得 1 200 倍液喷施假茎，并从叶柄分叉处将药液灌入，防治效果明显；或使用敌克松 1 000 倍液。灌根位置应先进行松土，然后再灌根，以便于药液下渗，灌根药液小株 1 千克 / 株（多为小株）。一般灌根 2~3 次。间隔期 10~15 天。

4. 叶斑病

（1）症状

"褐缘灰斑病"发病初期，在叶面出现与叶脉平行的黄褐条斑，初起只有 2 毫米左右，随后逐步扩展为长椭圆的棱形斑，长达 40 毫米；后期病斑为黑色病斑，病斑中央灰色，周缘黑褐色，其上产生稀疏的灰色霉状物；病斑多时叶片自下而上干枯死亡。

"灰纹病"症状为叶面椭圆形病斑或叶缘枯。初期病斑褐色，后扩大为中央浅褐色，具轮纹，周围深褐色病斑。病斑背面灰褐色，边缘模糊。病菌沿叶缘气孔侵入，初期叶边缘出现水渍状。暗绿色，新月形或长椭圆形，大小不等的病斑，后期沿叶缘联合为平行于叶中脉的褐色。

"媒纹病"常见于中下层叶片。病斑褐色，短椭圆形，有明显轮纹，多发生于叶缘，大小为（6~15）厘米×（4~8）厘米，病健部交界明显，潮湿时病斑表面产生许多黑色霉状物。大蕉常见典型病斑。

（2）发病规律

香蕉叶斑病是香蕉常见的真菌性病害，主要有 3 种，即"褐缘灰斑病"、"灰纹病"和"煤纹病"，其中以"褐缘灰斑病"危害最为普遍。病菌主要以菌丝体在病部或病残留物上越冬，分生孢子借风传播，在香蕉生长季节辗转危害，开始发生于老叶，后逐渐蔓延至上部嫩叶。

该病发生和流行与密植、高肥偏氮、高温多湿有关，感染适温为 25~29℃。在 1 周内 25~29℃连续 50 小时以上，相对湿度 95%时容易感染，在 3 周内降雨达 76 毫米时，也易感染。该病通常在 6~9 月高温多湿时，土壤排水不良，密植情况下发生严重。病株叶受害率为 30%，严重时达 80% 以上，产量可降低三成以上。病菌会感染蕉果，降低香蕉品质。

（3）防治方法

①要加强栽培管理，合理排灌，蕉园该干则干，该湿则湿，畦面湿润疏松；增施农家肥，中后期注意控制氮肥用量，合理搭配氮磷、钾三要素肥料。蕉园全年应及时防治害虫，保持蕉园清洁、通风透光。发病的枯叶要及时割除，并立即集中，在园外烧毁。

②药物防治以喷药保护为主，尤其台风暴雨后及时补喷，保护伤口，减少发病。喷药防治应掌握在香蕉抽生有 13~15 片叶时，或在发病初期，蕉株老叶开始出现水渍状时，以及在大风暴雨过后进行。

③在每年 4~6 月病害开始发生时喷施：25% 敌力脱 1 000~1 500 倍液，每隔 15 天 1 次，连续喷 2~3 次。如果下雨，要在雨后天晴时补喷。或 1% 波尔多液（硫酸铜 0.5 千克、生石灰 0.125 千克、水 50 千克）。或 70% 甲基托布津可湿性粉剂 800~1 000 倍液。都有较好的防治效果。

④近年来推荐使用：加油富力库 40~60 毫升兑水 15 千克，于发病初期喷施，每隔 15~20 天 1 次，连续喷 2~3 次，或喷施 25% 富力库乳油 1 000~1 500 倍液，效果好，持效期长。

⑤上述药剂可交替使用，以防产生抗药性。通过防治，以确保香蕉采收时，每株仍有 8 片左右的健康绿叶。青叶多，果实耐贮；如青叶少，果实在树上黄熟，不耐贮。

5. 黑星病

（1）症状

香蕉黑星病危害叶片和果实。叶面近叶脉处密生或大或小的小黑斑，其上散生针头大的小黑粒，手摸粗糙感明显。病斑密集成块斑，最后导致叶片枯黄。发病后逐渐向上部叶片蔓延，可达顶叶。植株抽蕾后，病菌由叶片随雨水传到果穗，病状多为断蕾后 2~4 周出现，多在果指弯腹部分，严重时全果均有，初期为红棕色、外围暗绿色水晕。随着果实肉度增大，病斑密度增大，严重的扩展至全果，影响果实的外观和耐贮性。香蕉和龙牙蕉易感病，粉蕉次之，大蕉抗病。

（2）发病规律

病原为香蕉大茎点菌，蕉园枯叶残株的病菌分生孢子是本病的初次侵染来源。分生孢子靠雨水飞溅传到叶片再感染，叶片的病菌随雨水流溅向果穗。叶片上斑点可见因雨水流动路径而呈条状分布，果穗发生位置和程度也因病叶的雨水溅射和积聚量多少而异，故多雨季节发病严重。

（3）防治方法

①注意蕉园卫生，经常清除销毁病叶残株。

②果实套袋防雨水流溅，隔离病菌。套袋前后各喷 1~2 次杀菌剂，效果更好。由于雨季多为高温期，薄膜袋最好每 100 厘米² 开 0.5 厘米直径的孔口散热，上端扎紧果轴，下口打开透气，并用稻

草等遮阴果穗防暴晒灼伤果实；也可在薄膜袋外加套纤维袋。

③化学防治。使用 50% 甲基托布津可湿性粉剂 1 000 倍液，或 25% 多菌灵可湿性粉剂 800 倍液，或 70% 代森锰锌 1 000 倍液。喷施果穗和叶片。断蕾前及套袋前分别喷施一次。

6. 炭疽病

（1）症状

香蕉炭疽病主要危害成熟或将近成熟的果实，但也会为害蕉花、主轴、蕉根、蕉头等部位。在果实上多发生于近果端部分，初出现黑色或黑褐色小圆斑，以后病斑扩大，或几个病斑相互汇合成不规则大斑。在 2~3 天内，全果变成黑色，未成熟的果实病斑组织常凹陷，果肉也腐烂，病部上着生许多粉红色黏状物。外缘呈水渍状，中部常纵裂，露出果肉。高温、高湿时在病部长出无数朱红色的黏性小点，此为病原菌的分孢盘及分生孢子。被害的果梗和果轴，病部同样表现黑褐色、凹陷，后期也会长出朱红色小点。

（2）发病规律

香蕉炭疽病又称黑腐病，熟果腐烂病，各蕉区均有发生，主要为害果实，贮运期间发病最为严重。此病在蕉园的花果期就开始发生，但在贮藏运输期间为害最烈，造成很大损失。

香蕉炭疽病的病原菌称为香蕉刺盘孢，属半知菌亚门。病菌在病蕉树上越冬，借风雨或昆虫传播，贮运果实则主要通过互相接触传播。香蕉炭疽病菌最适生长温度为 25~30℃，在果实上病害发展最适温度为 32℃。病菌在田间青果期就可侵染，但是以附着孢子侵入并以休眠状态潜伏于青果上，待果实成熟采收后才表现症状。所以果实成熟度越高，病害发生越严重。

（3）防治方法

①农业防治。开好排水沟，以免积水；晴天采收，轻拿轻放；控制好采收成熟度，在当地销售的宜 9 成熟时采收，远销的宜 7~8

成熟时采收。

②该病潜伏期较长，一般是采收前在田间感染，采收后果熟时发病。在后期的管理中，注意防治黑星病及搞好采后的保鲜。

③为减少青果期的潜伏侵染，可于结果初期喷施果实及其附近的叶片，以喷湿不滴水为宜。常用药剂有1%波尔多液（硫酸铜0.5千克、生石灰0.125千克、水50千克），或50%多菌灵可湿性粉剂1 000倍液，或50%多菌灵可湿性粉剂1千克＋农用高脂膜水乳剂5千克＋水1 000千克，或70%甲基托布津可湿性粉剂1 500倍液。

（二）主要虫害及其防治

香蕉虫害主要有香蕉交脉蚜、弄蝶、花蓟马、假茎象鼻虫、球茎象鼻虫、斜纹夜蛾和叶螨等。

1. 斜纹夜蛾

斜纹夜蛾属鳞翅目夜蛾科，是一种杂食性害虫，全国各地均有分布。该虫对香蕉的为害主要是取食大棚幼苗及田间小苗叶片，造成叶片残缺不全，严重时可将幼苗叶片吃光。

（1）形态特征

成虫：体长16~27毫米，翅展33~46毫米。头、胸及前翅褐色。前翅略带紫色闪光，有若干不规则的白色条纹，内、外横线灰白色、波浪形，自内横线前端至外横线后端，雄蛾有一条灰白色宽而长的斜纹，雌蛾有3条灰白色的细长斜纹，3条斜纹间形成2条褐色纵纹。后翅灰白色。腹末有茶褐色长毛。卵：半球形，初产黄白色，孵化前紫黑色。成虫：黄色体毛。幼虫：老熟幼虫体长38~51毫米。头部黑褐色，胸腹部颜色变化较大，呈黑色、土黄色或绿色等。中胸至第9腹节背面各具近半月形或三角形的黑斑1对，其中第 1、7、8 腹节的黑斑最大。中后胸的黑斑外侧有黄白色小圆点。蛹：长 18~23 毫米，褐色至暗褐色。第 4~7 节背面近前缘密布小刻点，腹末有臀棘 1 对。

（2）生活习性

该虫每年可发生 5~9 代，在香蕉种植区无越冬现象，可周年为害。成虫喜在蕉叶背面产卵。初孵幼虫群集叶背啃食，仅留上表皮，2 龄后分散为害，5 龄后进入暴食期。幼虫 6~8 龄，历期 11~20 天。幼虫有假死和避光习性。高龄幼虫白天多躲在背光处或钻入土缝中，夜间活动取食。老熟幼虫入土化蛹。

（3）防治方法

多为害大田幼龄蕉苗。可用黑光灯或糖醋盆诱杀成虫，看到有虫卵块及时摘除；药剂防治于幼虫 3 龄前进行，可使用 40% 乙酰甲胺磷乳油 600 倍液、40% 灭多威乳油 800 倍液或 2.5% 功夫乳油 1 000 倍液等，在清晨或黄昏幼虫活动时喷药。

2. 蚜虫

香蕉蚜虫又名蕉蚜、蕉黑蚜，属同翅目蚜科，分布于广东、广西、海南、福建、云南等地。该虫主要为害蕉属植物，并同时传播香蕉束顶病和香蕉花叶心腐病，对香蕉生产为害很大。

（1）形态特征

成虫：可分为无翅蚜和有翅蚜两种类型。有翅蚜体长 1.7 毫米，褐色至黑褐色。头两侧具角瘤，触角 6 节，约与下体等长。前翅径脉与中脉有一段相交，径脉端部分叉为 2 支，后翅翅脉退化，只有一根斜脉。无翅蚜体长 0.8~1.6 毫米，卵圆形，红褐色至黑褐色，触角比体稍长。若虫：体长 0.7~1 毫米，1 龄时触角 4 节，2 龄时触角 5 节，3 龄和 4 龄时触角 6 节。

（2）生活习性

此虫以孤雌卵胎生方式繁殖，广西每年发生 4 代，整年可见，喜群集在香蕉心叶基部取食为害。每年4月左右和9~10月为发生高峰期，夏季高温时，蚜虫转移到植株下部或周围杂草上，冬季则停留于叶柄内或根部。一般干旱年份虫害较重，有翅蚜出现亦多，而雨量充沛的年份则发生较少。蚜虫传播病毒病，主要是用口器刺吸病株后，通过飞行或随气流迁至异地取食而蔓延扩散。

（3）防治方法

①重点防止蚜虫传毒，发现病株应及时用药喷杀，并将病株连根挖起，埋于深坑，防止蚜虫再次吸毒传播。

②香蕉蚜虫吸食香蕉使香蕉生长衰弱，主要还是香蕉病毒病的传播媒介。在挖除束顶病和花叶心腐病株前，应先用内吸性的杀虫剂杀灭蚜虫，同时兼杀蚂蚁，再用草甘膦注射到茎干清除病株，然后再把蕉头挖除。

③田间发生虫害时，应及时用药喷杀，可选用40%乐果乳油800~1 000倍液、50%辟蚜雾1 500倍液、吡虫啉1 500倍液或克蚜螟800倍液等。

3. 红蜘蛛

香蕉红蜘蛛又称叶螨、皮氏叶螨，在广东、福建、台湾省有分布，主要为害蕉叶，引起叶片早衰、枯干，发生较为普遍。

（1）形态特征

香蕉红蜘蛛成虫身体呈红褐色，足为白色透明，足跗节具2对典型的双毛，体末仅具1对肛侧毛，雄性阳茎无端锤，钩部微成"S"形。卵淡黄色。

（2）生活习性

成螨附居于叶背，有群集性，有时1片叶有上千头。雌螨产卵时，单粒产于叶背，并分泌黏液将卵固定，未受精的卵发育成雄螨，受精卵发育成雌螨。若螨、成螨均吸食叶片的汁液，以老叶为多，被害组织失绿变为灰褐色，严重时，叶片正面也呈灰黄色，多沿柄脉或肋脉发生。高温干旱的秋季繁殖快，危害烈。杀虫剂使用不当，杀伤天敌太多，也可导致此虫大量发生造成灾害。

（3）防治方法

红蜘蛛天敌较多，一般情况下不会造成严重危害。个别蕉园使用杀虫、杀菌剂不当，杀伤天敌太多造成危害严重时，可采用价格较低的杀螨剂如 20% 三氯杀螨醇乳油 1 000~1 500 倍液，20% 双甲脒 1 000~1 500 倍液，50% 螨代治 1 500~2 000 倍液，20% 速螨酮 3 000~6 000 倍液，大克螨 4 000 倍液，10% 果螨红 3 000~4 000 倍液，均匀喷雾叶背，药液中加 0.1% 中性洗衣粉等黏着剂效果更佳。

4. 冠网蝽

香蕉冠网蝽，又名香蕉网蝽、香蕉花网蝽。在华南香蕉产区均有为害。

（1）形态特征

成虫羽化时呈银白色，后逐渐转变为灰白色，前翅膜质近透明，长椭圆形，具网状纹，后翅狭长无网纹，有毛。头小，呈棕褐色。在前胸背两侧及头顶部分有一块白色膜突出，上具网状纹，似"花冠"，具刺吸式口器。卵长椭圆形，稍弯曲，顶端有一卵圆形的灰褐卵盖，初产时无色透明，后期变为白色。若虫共有 5 龄，1 龄幼虫为白色，以后体色变深，身体光滑，体刺不明显，老熟若虫前胸背板盖及头部，具翅芽，头部黑褐色，复眼紫红色。

（2）生活习性

香蕉冠网蝽每年发生 6~7 代，世代重叠，周年均可发生，无明显的越冬休眠期。4~11 月为成虫羽化期。成虫产卵于叶背的叶肉组织内，并分泌紫色胶状物覆盖保护。卵孵化后栖叶背取食；成虫喜欢在植株顶部 1~3 片嫩叶叶背刺食和产卵危害，并分泌出紫色胶状物覆盖保护；若虫多群栖于叶背取食。被害部出现许多黑褐色小斑点，而在叶片正面出现花白斑点，叶片早衰枯萎。

（3）防治方法

①人工防治。经常检查香蕉园，及时摘除受害严重的叶片，将其集中烧毁或埋入土中。

②化学防治。在若虫盛发期喷洒杀虫剂，药剂可选使用40%乙酰甲胺磷800倍液，或40%乐果乳油800倍液，或80%敌敌畏乳油1 000倍液，或90%晶体敌百虫1 000倍液喷施，均有较好的防治效果。

5．象鼻虫

为害香蕉的象鼻虫有假茎象鼻虫和球茎象鼻虫2种。

（1）假茎象鼻虫

①形态特征。体长圆筒形，全身黑色或黑褐色，有蜡质光泽，密布刻点；头部延伸成筒状略向下弯，触角所在处特别膨大，向两端渐狭；触角膝状，鞘翅近基部稍宽，向后渐狭，有显著的纵沟及刻点9条；腹部末端露出鞘翅外，背板略向下弯，并密生灰黄褐色绒毛。卵乳白色，长椭圆形，表面光滑。老熟幼虫体乳白色，肥大，无足；头赤褐色，体多横皱。蛹乳白色，头喙可达中足胫节末端，头的基半部具6对赤褐色刚毛，3对长，3对短。

②生活习性。该虫是我国蕉区最重要的钻蛀性害虫，主要以幼虫蛀食假茎、叶柄、花轴，造成大量纵横交错的虫道，妨碍水分和养分的输送，影响植株生长。受害株往往枯叶多，生长缓慢，茎干细小，结果少，果实短小，植株易受风害。有时果穗不下弯或断折，严重影响产量和质量，给香蕉生产带来极大的危害。

③防治方法。可选用80%敌敌畏乳油、90%晶体敌百虫、25%杀虫双或2.5%功夫防治。以上药剂任选一种配制成1 000倍液，重点灌注叶鞘内侧。

或于叶鞘投放米乐尔颗粒剂3~5克，每株放置4个点。

或使用好年冬20%乳油1 000倍液，或乙酰甲胺磷乳油800倍液灌注叶鞘。

（2）球茎象鼻虫

①形态特征。成虫体长 10~11 毫米，全身黑色或黑褐色，具蜡质光泽，密布刻点，前胸中央纵线的中段留有一条光滑无刻点的直带纹，足的第三跗足不呈扇形，其他形态和虫态近似假茎象鼻虫。但体型略小。

②生活习性。主要为害香蕉球茎，以幼虫蛀食，在球茎内形成纵横交错的虫道，被害植株的叶片卷缩变小，枯叶多，结果少，严重者球茎腐烂死亡或抽不出蕾。但该虫在我国各产区较少见。

③防治方法。采用无虫吸芽或试管苗种植，旧蕉园应经常清园，清除旧茎残株。发现虫害可设陷阱诱杀。采收后留蕉头 1 个月诱幼虫，然后将蕉头破碎杀死幼虫。

药剂选用 90% 晶体敌百虫 300 倍液。灌根位置应先进行松土，然后再灌根，以便于药液下渗，灌根药液小株 1 千克 / 株，大株 2 千克 / 株。

6. 花蓟马

香蕉现蕾时花蓟马发生特别严重，主要危害香蕉幼果，造成伤口容易感染引起黑星病、炭疽病等病害发生，不耐贮运，同时造成小黑点，影响香蕉卖相。

（1）形态特征

成虫体长 1.4 毫米。褐色；头、胸部稍浅，前腿节端部和胫节浅褐色。触角第 1、2 和第 6~8 节褐色，第 3~5 节黄色，但第 5 节端半部褐色。前翅微黄色。腹部 1~7 背板前缘线暗褐色。头背复眼后有横纹。单眼间鬃较粗长，位于后单眼前方。触角 8 节，较粗。雄虫较雌虫小，黄色。腹板 3~7 节有近似哑铃形的腺域。

卵肾形，长 0.2 毫米，宽 0.1 毫米。孵化前显现出两个红色眼点。

若虫二龄，体长约 1 毫米，基色黄，复眼红；触角 7 节，第 3、4 节最长，第 3 节有覆瓦状环纹，第 4 节有环状排列的微鬃；胸、腹部背面体鬃尖端微圆钝；第 9 腹节后缘有一圈清楚的微齿。

（2）生活习性

花蓟马的若虫、成虫主要刺吸香蕉花子房及幼果的汁液。雌虫在幼果的表皮组织中产卵，虫卵周围的植物细胞因受刺激，而引起幼果表皮组织增生。果皮受害部位初期出现水渍状斑点，其后渐变为红色或红褐色小点，最后变为粗糙黑褐色突起斑点，似香蕉黑星病斑。但黑星病斑点是向内凹隐，无粗糙感。

花蓟马生活于香蕉花蕾内，营隐蔽生活。香蕉花蕾一旦抽出，该虫有聚集快、侵入快的特点，花苞片尚未展开时，已经侵入花苞片内危害。每当花苞片张开时，花蓟马即转移到未张开的花苞片内，继续危害。

（3）防治方法

①香蕉刚现蕾时，用好年冬 20% 乳油 600~800 倍液，对着蕾和幼果喷雾，每 7 天喷 1 次，共喷 2~3 次即可。使用好年冬安全性好、效果好、持效期长，能有效地控制花蓟马的危害，减少黑星病、炭疽病的发生。

②香蕉刚现蕾时，用 10% 吡虫啉可湿性粉剂 1 500 倍液，对着蕾和幼果喷雾，每 5~7 天喷一次，共喷 2~3 次。

7. 弄蝶

香蕉弄蝶为弄蝶科昆虫，以幼虫为害香蕉叶片。

（1）形态特征

成虫体长 30 毫米，翅展 60~65 毫米，全体黑褐色。头、胸部密生褐色鳞片，触角黑褐色，近膨大处呈白色，复眼赤褐色，前翅中有黄色长方形大斑纹 2 个，近外缘有 1 个较小的黄色斑纹，后翅黑褐色，前后翅缘毛均呈白色。卵横径约 2 毫米，馒头形，初散时黄色，后变为红色，卵壳表面有放射状白色线纹。

幼虫 长 50~64 毫米，体表被白色蜡粉，头部黑色呈三角形，前、中胸小呈颈状，后胸以后渐大，腹部第 3 节以后大小相等。蛹圆筒形，体长 36~40 毫米，被白色蜡粉，口吻伸至腹部末端，其尖端与体躯分离。

（2）生活习性

以老熟幼虫在叶苞中越冬。成虫白天活动，吸食花蜜，雌成虫于交尾后一天开始产卵，边飞翔边产卵，每头雌虫可产卵 30 粒左右，卵散产于叶片上。幼虫孵化后先取食卵壳，后到叶缘卷叶为害，早、晚和阴天伸出头部食害附近叶片。幼虫老熟后即在其中化蛹。

（3）防治方法

①人工捕杀。在幼虫初发期，及时摘除叶苞，杀灭苞内幼虫。冬季至春暖前，清除枯叶、残株、焚烧或斩碎沤肥，或作堆肥，尽量减少越冬虫源。

②药剂防治。重点在于控制第一代幼虫，即在孵化盛期至幼虫卷苞初期，喷洒 90% 晶体敌百虫 800 倍液，或 2.5% 敌杀死等菊酯类杀虫剂 2 000 倍液，或 40% 速灭畏 2 000 倍液，间隔半个月喷 1 次，连续 2~3 次。

九、香蕉采收及采后处理

（一）香蕉采收

采收是香蕉栽培管理最后一项重要而细致的作业，又是贮运保鲜的开始。正确的采收要求做到适时、适熟、无伤采收。

1. 采收标准

（1）根据果实的饱满度决定采收期

果实的饱满度可以从果实表面的棱角反映出来。在正常情况下：

①果身近于平满，棱角明显时饱满度约为 7 成。

②果身饱满，但尚有棱角，饱满度约为 8 成。

③果身饱满，棱角不明显，饱满度为 9 成以上。

通常以果穗中部果梳的果实作为判断饱满度的依据，果穗上部果梳的果实饱满度大些，而下部果梳的果实饱满度则小些。

几种类型香蕉不同饱满度的横切面如图 5 所示。

主要食用蕉的分类如表 7 所示。

AAA 类香蕉的饱满度横切面示意

70%　　80%　　90%　　完熟

AAB 类香蕉的饱满度横切面示意

70%　　80%　　90%　　完熟

BBB 类香蕉的饱满度横切面示意

70%　　80%　　90%　　完熟

图 5　几种类型香蕉不同饱满度的横切面

表7　主要食用蕉的分类

序号	组别	示例
AA		贡蕉（东南亚）
AAA	大蜜舍	大蜜舍（中南美洲）、安邦蕉（菲律宾）
	香牙蕉	大种高把（中国）、大矮蕉（中南美洲）
	红蕉	马拉多（菲律宾）
	绿红蕉	红皇蕉（澳大利亚）
	非洲高地香蕉	Lujugira Mutika（东非）
AAAA		阿托佛（牙买加）
AB		内卜凡（印度）
AAB	皇蕉	皇蕉（马来西亚）
	菜蕉①法国菜蕉	虎蕉（牙买加）
	②牛角菜蕉	坦多蕉（菲律宾）
	可拉蕉	可拉蕉（马来西亚）
	姐妹蕉	姐妹蕉（印度）
	丝蕉	丝蕉（巴西）、龙牙蕉（中国）
	波眉蕉	波眉蕉（巴西）
	买毛尼蕉	买毛尼蕉（夏威夷）
ABB	布鲁果蕉	布鲁果蕉（西印度群岛）
	阿华蕉	阿华蕉（马来西亚）
BB		阿布红（菲律宾）、格拉（马来西亚）
BBB		沙巴（菲律宾）、欣蕉（泰国）
ABBB	仙食蕉	
AAAB	阿坦蕉	仙食蕉（泰国）
AABB	卡拉马蕉	

注：参照斯托弗和西蒙兹（1987），瓦尔梅厄（1990）。

（2）根据果品销售远近决定采收标准

①一般销往国外，果实饱满度可在7~7.5成采收。

②销往长江以北省市，果实饱满度可在7~7.5成采收。

③销往长江以南省市，果实饱满度可在 7.5~8 成采收。

④本省、本地现销，果实饱满度可在 8.5~9 成采收。

2. 采收时间

为提高香蕉品质及耐贮性，减少腐烂。要求香蕉在采收前 10~15 天蕉园停止灌水。一般香蕉宜选择在晴天上午 11：00 以前或阴天全天采收，避免在晴天中午强光、高温下进行采收，以防蕉身温度太高，影响贮运品质。此外，浓雾天气或下雨天也不适宜采收，以免果梳感染病菌造成腐烂。

3. 采收方法

蕉农采收时，单人采收一般是一手抓住果穗的尾部，另一手拿刀砍断穗轴，随着果穗掉下的瞬间提起穗尾，让穗轴倒头着地，然后用绳绑轴，挑担到集中的收购点，这样采收方法需要很大的臂

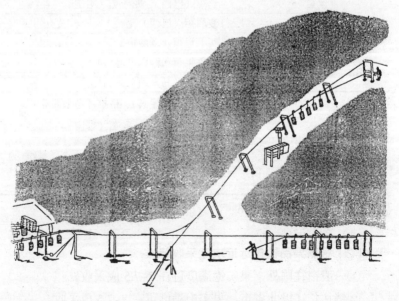

图 6　香蕉采收索道示意

力，也难以避免机械损伤。采收时最好是两人一组，一人先用砍刀在香蕉假茎离地面约 1 米高处斜砍一刀，放倒蕉株，与此同时，另一人肩披软垫，及时托住缓慢倒下的果穗，拿刀者再砍断果轴（约留存 25 厘米长的果轴，以便于绑扎、捉拿），托蕉人将果穗直接托出到果园边的机动车或船上（有条件的可用采收索道运出果园，见图 6）。机动车或船上没有事先准备好的垫床或软垫，再运至包装加工厂进行下一步处理。直接销售果穗时，将果穗放在软垫物上，其下面是木板，木板下面是磅秤，进行称重。装箱销售的果穗用人工将整穗垂直挂于包装加工厂棚梁上的吊勾上准备落梳。目的是不让蕉穗着地、不碰撞，尽量避免机械损伤。

（二）香蕉采后处理

香蕉的采后处理包括去轴落梳、清洗、修把、分级、称重、保鲜（药物处理）、风干与装箱、抽真空等环节。

1. 去轴落梳

香蕉轴约占整穗蕉果的 9%~12%，去轴后在贮运中可节省包装、劳力、费用。去轴落梳的方法有两种：一种是用绳子将果穗挂在架子上进行，落梳顺序是从头梳至尾梳。另一种是将果穗倒过来，果轴顶在地上进行，落梳顺序是从尾梳至头梳。落梳时，抓果梳的手要抓住整梳蕉，不能单抓一两个果指。落梳刀要锋利，用力适度，使切口平滑流畅，不带或少带果轴。落下的果梳直接放入大水池中清洗。

2. 清洗

可先用约 0.6% 的漂白粉溶液或其他的清洗剂在水池中洗去伤口流出的汁液、果指顶端的残花以及果面上的尘埃，特别要注意洗净果指之间部位的污物。再用流动的清水漂洗，除净残存的清洗剂，捞起沥干。

3. 修把

将水池中的果梳拿到铺有海锦的修把台上，用修把刀修平落梳切口，修去虫果、伤果及参差不齐的果指，然后根据包装箱子的宽度（在修把台上做标记），将较大的果梳分开，以适合装箱的要求。

4. 分级

修把完毕后按果梳的等级参数进行分级，放到相应等级的水池中清洗。果实分级的目的主要是达到商品标准化，按国家内销或外销所规定的标准进行。香蕉分级标准（表8）。

表8　香蕉分级标准

级别内容项目	出口	AA级	高档条蕉	A级（普通条蕉）	B级	筐蕉（清园蕉）	备注
时间	2~5 月	2~6 月	2~3 月	2~6 月	2~6 月	2~6 月	高档条蕉指4月1日前
饱满度	0.7~0.8	0.75~0.85	0.75~0.85	0.75~0.85	0.75~0.85	0.65~0.85	
果把数	4~5（80%）6（20%）	4~5		4~5	6 把或以上		
千克果指数	不超过8	不超过8	不超过11	不超过11	不超过14	不超过14	
果指长度	22 厘米以上	22 厘米以上	19 厘米以上	19 厘米以上	16 厘米以上	16 厘米以上	
果把重	2~3.8 千克	2~5 千克	1.8~5 千克	2~4.5 千克	1.9~4.5 千克	1.9~4.5 千克	

（续表）

内容项目＼级别	出口	AA级	高档条蕉	A级（普通条蕉）	B级	筐蕉（清园蕉）	备注
机械损伤	每把受伤果指数控制在1个内，面积不超过0.25厘米²	同出口标准	以果把记不超过1/6每把果受伤两个内	每把受伤：果控制在两个内，面积不超过0.25厘米²	同A级标准	每把果指受伤控制在4个内，受伤面积不超过2厘米²	
把形	完整、整齐	同出口标准	同出口标准	完整、较整齐	同A级标准	同A级标准	
病虫害	果把不超过20%有病斑，果指斑不超过40点，斑点表面积不超过1/10	同出口标准	果把不超过40%有病斑，果指斑不超过60点，斑点表面积不超过1/6	同高档条蕉	果把不超过60%有病斑，果指斑点不超过80点，斑点表面积不超过1/5	同A级标准	
特征色泽	①具有同类品种特征；②果肉新鲜，皮色青绿，清洁有光泽；③无双胞蕉、三层蕉、单层蕉、药害果，太阳灼伤，疤痕						
果把切口	①切口深度适中，光滑；②果柄无刀伤、软弱、折损						

5. 称重

在清洗池中选择合适的果梳，果指末端朝下平放在塑料筐内称重，按照每箱香蕉的重量，称好每筐香蕉的重量，一般国内市场每箱为14千克，出口日本每箱为13千克。称重所用的塑料筐要求大小合适，内壁光滑，筐底有孔漏水。称好重量后将筐推入保鲜装置。

6. 保鲜

（1）处理方法

处理方法一（浸泡保鲜）：

通常使用特克多（有效含量 42%~45%）500 倍液，能有效防治炭疽病；或用特克多 500 倍液 + 扑海因（有效含量 25%）250 倍液防治效果更好；或用施保克（45% 水乳剂）900~1 800 倍液；或用霉得克（40% 可湿性粉剂）1 200 倍液。

按上述药物及浓度配成溶液，将选好、清洗好的果实稍稍晾干便可同筐一起放入药液中，浸泡约 1 分钟，取出沥去药液。

处理方法二（喷雾保鲜）：

梳果经清洗、修把后，再经分级，放入塑料箱中称重，然后经流水线，上有一个铁罩，罩上有 4 个喷头喷射药液（其药剂种类、浓度与浸泡保鲜药剂相同），喷于梳果的果指上（喷后的药液流在下面一个桶中，桶内有水泵，有管道通到上面的喷头，药剂可循环流动），随着流水线的移动，最后进行包装（风干、装箱、抽真空、封箱）。

（2）药物配制

配制药液的计算公式为：原液的用量 × 原液（所用药物）的有效含量 = 需要配制的溶液量 × 需要配制的溶液浓度

例：要配制 50 千克浓度为 1 000 毫克 / 千克的特克多溶液，特克多原液的有效含量为 45%。应如何计算？

按公式计算，已知：

原液（特克多）的有效含量：45% 即 45/100

需要配制的溶液量：50 千克

需要配制的溶液浓度：1 000 毫克 / 千克即 $1\,000 \times 10^{-6} = 1 \times 10^{-3} = 1/1\,000$

因此，原液（特克多）的用量为 $1/1\,000 \times 50 \div 45/100 = 0.11$ 千克。也就是说，应取 0.11 千克浓度为 45% 的特克多原液，加水至

50千克，并充分搅拌，便可得到50千克浓度为1 000毫克/千克的特克多药液。其他药液计算方法相同。但是，要注意：

①有两种或两种以上药物混配时，绝不是按各自的浓度先配好再混合，应该用需配溶液量的水为基准，先称好水，然后从中取出少许，分别把各种药稀释后再倒入称好的水中混合搅匀。

②使用混配药物原意是使药物之间作用互补，达到增效。因此，必须要了解各种药物的性质，药物之间不能有拮抗作用，否则不但不能增效，反而失去效力。

③在使用促进或抑制药物时，必需特别注意使用的浓度。通常，这类药物属植物激素类，而植物激素即便是同一种类，浓度不同其作用有时会相反，因此，使用时浓度一定要配制准确。

7. 风干与装箱

为加快风干速度，可配两台较大功率的鼓风装置，这样从保鲜装置里出来的香蕉，在包装生产线的滚轮上缓慢滑动，经过风干装置后便可装箱。装箱前先在箱底内铺好真空袋，装箱时应根据筐中的香蕉梳数来确定装箱方式，才能合理的将香蕉装进箱子中而不出现挤箱的现象。一般国内销售的香蕉，每箱3~5梳香蕉的装箱方式相同，6梳以上采用另外的装箱方式，出口香蕉的装箱方式应按客户的要求进行。

8. 抽真空

将底箱内的真空袋口拉出，套在吸尘器的管口上（吸尘器上的毛刷等配件不用），抽出袋子里面的空气，用橡皮圈绑紧袋口。抽真空时应把好度，不要抽过限度造成真空袋破裂。最后，盖上外箱并在外箱上做好香蕉梳数标记后便可入库存放。外箱用胶纸封好后便可装车运输或入库存放。

十、香蕉包装及预冷

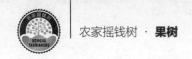
（一）香蕉采后包装

1．包装材料

包装材料有木板（箱）、竹（箩）、柳条（筐）、纸（箱）、塑料（箱）、盖塑（箱）、泡沫塑料（箱）等。使用什么材料，首先应视果品贮藏特性的要求，再考虑本地区的具体情况，采用价廉物美的材料。

香蕉的包装最好使用具有天地盖的瓦楞纸箱，装蕉时内衬塑料薄膜袋。这种纸箱柔韧带弹性，保护性能好，且容易达到尺寸标准化、规格化、易搬运及机械化操作、易堆叠，也利于商品的印刷标志、装潢。

国外香蕉全部采用此种纸箱包装；我国香蕉包装目前也正逐步以纸箱取代竹箩。从资源再生利用和减少废弃物及城市垃圾着眼，纸箱包装更具优越性。但要注意，纸箱的抗压强度是随纸箱的形状而异，周边越长（纵长与横长之和），强度愈弱；在周边等长的条件下，纵长与横长之比为5∶3左右时强度最大。此外还与通风孔和手孔的位置、大小有关。在设计和使用香蕉包装纸箱时，一定要考虑到这些因素。

国内标准的香蕉包装纸箱尺寸为：长53厘米×宽38厘米×高23厘米。

国外标准的香蕉包装纸箱尺寸为：长52厘米×宽34厘米×高22厘米。

纸箱由四个部分构成：顶部、底部、加固衬里及隔层。

整个纸箱约需2米²的厚纸板。

2．包装分类

按照包装的功能分类，大致可分为贮运包装和销售包装两大类。

（1）贮运包装

亦称外包装，也就是在贮藏或运输时装载果实所用的包装，主要起着机械保护作用。对香蕉而言，就是纸箱或竹笋。在20世纪60年代，我国香蕉运往苏联和东欧国家时，曾用过木箱作外包装。

（2）销售包装

销售包装应具有销售功能，通过装潢艺术来吸引顾客，突出表现商品的品牌、质量、出产地、日期、销售商等。有些商品的销售包装就是外包装，香蕉就是如此。有些则在外包装里边还有小包装，以小包装的形式上货架做销售包装。香蕉在批发时是以贮运包装销售，而在超级市场则要装成小托盘形式上货架。所以，销售包装由具体情况而定。

（3）内包装

相对而言，在外包装里面、直接与果品接触的包装，一般称为内包装。如香蕉纸箱或竹笋里边的塑料薄膜袋、上货架时的小包装，都属内包装。因为内包装是直接与果实接触，要求其柔软、有弹性、无臭无味、无毒、洁净，最好是洁白透明，以免遮盖果实原有的诱人色彩。同时，内包装往往又是直接造就保鲜环境的物料；如上述的塑料薄膜袋和小包装上的薄膜，由于它的密封，造成自发性的贮藏环境，对香蕉保鲜非常有利。

除此之外，为了避免香蕉之间的碰、压和擦伤，在包装时还会加入一些衬垫物，如柔软的纸或很薄的泡沫塑料纸，将每梳香蕉隔开，效果很好。

3. 包装方法

主要有人工包装、机械包装。

（1）人工包装

目前香蕉的包装基本上是用人工包装。首先准备好包装容器（竹笋或纸箱），再衬垫上塑料薄膜袋，然后把经药物处理过而且已沥干的香蕉一梳梳紧密有序地装好。

装竹笭时要蕉背朝上，由小梳到大梳，最后扎好塑料袋口，再加笭盖，用小铁丝穿过笭边固定笭盖。目前国内香蕉生产上有采用在装竹笭前先在竹笭内衬垫一层再生纸，再用塑料袋，然后再装香蕉，对保护香蕉有一定效果。但不能为了节省运输成本而将香蕉堆得超出笭面，再硬塞入笭内，否则会造成严重的机械损伤。

装纸箱时，有两种装法，其一是整梳装，要求蕉头朝下蕉指向上，相互靠紧。具体装箱过程如下：先在纸箱内部套好聚乙烯薄膜袋，在靠近纸箱一端放入两梳香蕉，垫上海绵纸或其他柔软的衬垫物，然后在离纸箱壁较近的一端再加上一梳蕉，在另一端视情况加1~2梳蕉，各疏蕉间要用海绵纸隔开（图7）。抽真空后，再将聚乙烯薄膜袋口用橡皮圈扎紧，盖上顶盖然后封箱。其二是分梳形的装法，在落梳时就把梳蕉分成3~5个一把的小梳，装箱时蕉指对蕉指，蕉头靠箱边分成两排。这种装箱形式，在国外使用较多，无论是分包装上超市或对一些不需要一次消费整梳香蕉的人来说较为方便。

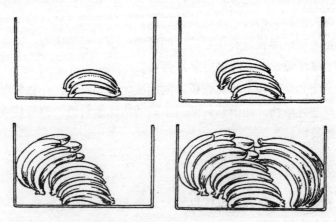

图7　香蕉的纸箱包装过程

假如要作较长期贮藏或在温度较高时贮运的，要在塑料袋封口前放入一小包乙烯吸收剂，根据季节不同而调整吸收剂重量，夏季每包重60克，冬季可用40克。切记吸收剂不能与香蕉接触，在香蕉与吸收剂之间，垫上厚纸或泡沫塑料纸。

包装箱内香蕉的净重量，纸箱包装国内一般每箱14千克，国外一般每箱18.14千克或12千克，运往日本或中东地区的香蕉一般每箱13千克，4~6梳，每梳重1.8~4千克，每梳果指数14~22条，果指长为20~21厘米，粗细（横径）为3.2~4厘米。

包装好后，要在包装箱上注明重量或梳数、日期、产地。

（2）机械包装

香蕉较难用机械包装，只有在分小包装时，采用吸膜包装机械，或对大包装进行封箱时使用机械。

（二）香蕉采后预冷

预冷是指将采后的果实尽快冷却到适宜贮运的温度范围内，然后才贮藏或运输。

1. 预冷的作用

（1）预冷是保证香蕉贮藏运输质量的重要前提

众所周知，适当的低温可以抑制果实的生命活动，如抑制呼吸作用、蒸腾作用、乙烯的产生，也可以抑制致病微生物的活动。为了保证香蕉贮藏、运输的质量，采后应尽快进行预冷。假如未经预冷或预冷不及时的香蕉，即便是用冷库贮藏或用冷藏车运输，也会由于蕉果带来的大量田间热，使其温度难以在较短的时间内降低到所要求的范围内，以致常在冷藏库或冷藏车中发生严重的腐烂。这种情况在运输中尤其突出。

（2）预冷加快了冷却速度，弥补运输途中冷藏车制冷能力的不足

试验证明，未经预冷的香蕉，从广东装车运往北方，装车时果

温为 27.5~28℃，冷藏车内箱温度为 11~12℃，火车经过 5 天的运行，尽管车厢一直保持在 11~12℃，而果箱内的温度只降到 14℃，降温的速度非常慢。假如经过预冷，装车后几小时最多十几小时蕉果就能达到 12℃。

目前我国由铁路运输的香蕉，采收后基本上都未经预冷而直接装车，因此，车内的蕉果温度是难以下降。而大部分的货主好不容易要到冷藏车后，便不考虑冷藏车的制冷能力是否允许，认为装上冷藏车就万无一失，装车时充分利用车容，堆密叠紧，箩、箱之间根本没有空隙，给热交换带来很大的困难。尽管冷藏车一路不断地制冷，终因其制冷有限，在产冷量小于热消耗量时，蕉果的温度是难以下降的。据铁道部科学研究院运输所报道，为果实本身和包装降温所消耗的冷量最多，约占 50%，其次才是为抵消果实的呼吸热所消耗的冷量，约占 20%。因此，装车前对香蕉进行预冷是弥补冷藏车制冷能力不足的最好方法。这样可避免装车后，因果温降不下来引起的果实腐烂和青皮熟。此外，经预冷后的蕉果，装车后因果量比较大，温度是不容易回升的。

（3）预冷可以解决车、货不衔接的矛盾

在实际的生产工作中，常常会出现车等货或货等车的现象。如果大量的蕉果在站台上不能及时装车运走，就会大大地影响其质量。此时，蕉果应在预冷库中等候，以免造成不必要的损失。

2. 预冷方法

预冷的方法通常有：空气冷却法、水冷法、冰冷法、真空预冷法等多种。适合于香蕉使用的主要是空气冷却法，其次是水冷法。

（1）强制通风预冷

使用具强大风力的风机，循环密闭室内的冷空气来降低蕉果的温度。可直接利用冷藏库进行预冷。但是应注意，预冷时要分散堆放果箱（箩），让冷风能尽快地带走热量。此法简单易行，但冷却速度较慢，快者半天，慢者一天甚至更长。

（2）差压式预冷法

把前后两面打孔的容器（主要是纸箱）堆叠成壁状，通过抽风机或风扇强制性地吸或吹进空气（最好是冷空气），使容器的前后产生压力差，迫使冷空气快速通过容器内部，使里面的果实由于表面水分的快速蒸发而导致果温下降。此种方法最好在冷库中进行，利用冷库蒸发器吹出的冷风，导入蕉箱堆中，一般可在5~7小时内将30℃左右蕉果的温度降至11~12℃的贮藏温度。预冷后再重新堆码贮藏。

（3）水冷法

将果实直接放入水中，把田间高温降下。因要带走高温，用流动的水，最好用加冰的低温冷水浸泡或喷淋，效果更好。注意，若用冰水，加冰量要控制得当，水温切勿低于10℃，以免对香蕉造成冷害。

（4）冰冷法

把冰捣碎成小冰块后，直接撒在果实的上下周围，利用冰块溶解时吸热，把果实的热量带走。这种方法不适用于香蕉，冰块的温度在0℃左右，会导致香蕉冷害。

（5）真空预冷法

在减压的条件下，果实表面水分迅速蒸发，在此蒸发中达到快速降温的目的。此法尽管是预冷中最先进的方法，然而对香蕉不合适。因蕉果的蒸发面比例并不大；再者，此法不但降温速度快，而且温度降得低，对香蕉容易造成伤害。此外这种方法所需设备的造价亦很昂贵。

十一、香蕉采后贮藏运输

贮藏是果实延长采后寿命的关键环节，贮藏时间的长短直接影响到供应期和经济效益。然而，香蕉只要栽培技术运用得当，全年都有收成。因此，不必要求贮藏期很长，只要满足远距离的运输或转季节生产时短期的空当。

贮藏包括低温冷藏、常温贮藏、气调贮藏、化学药物保鲜、辐射保鲜、负离子和臭氧杀菌保鲜等。尽管在方法上可分为多种，但在实际生产上往往是综合应用。如上所述，香蕉既要用药物处理，也要使用自发气调的方法，假如加上冷藏，就用了三种方法，恰当的配合，会取得较佳的效果。

（一）香 蕉 贮 藏

1. 低温冷藏

经过预冷，达到一定温度后的香蕉，即可在冷库中进行贮藏。冷库管理的好坏对果实的贮藏寿命影响很大。

（1）库房温度的控制

在香蕉入库前必须提前将库温降至香蕉的贮藏适温（11~13℃）。让经预冷后的香蕉在进入冷库时，就有一个适宜的环境，以免受到环境温度波动的影响。

（2）控制出入库量

每天或每次的出入库量应有一定的数量，避免由于过多货物的进出而影响库房温度，导致大幅度的波动。

假如香蕉是直接在冷库内预冷，以上两项可不考虑。在预冷后把分散的香蕉重新堆码。为使香蕉以后降温均匀和温度恒定，在堆码上有一定的要求，一般码成长方形的堆，堆与堆之间距离0.5~1米，堆高不能超过风道喷风口，距风口下侧 0.2~0.3 米，离开冷风机周围至少 1.5 米，与冷库壁和库顶应距 0.3~0.5 米，特别是库顶，多留空间对冷空气的流通很有必要。通常，冷库地面要铺垫

0.1~0.15 米高的地台板，库内中间走道应有 1.5~1.8 米宽，方便搬运与堆叠。

（3）冷库的气体管理

香蕉是具有呼吸高峰的果实，采收后受到乙烯的刺激，哪怕极少的乙烯也会导致成熟。因此，冷库内的空气一定要保持新鲜和没有乙烯。冷库须有换气（通风）装置，定时排换库内气体，引入新鲜空气，换空气的次数和时间视贮量多少、时间长短而定，尽量在温度较低的早晨或晚间进行。

不作长期贮藏的香蕉，一般在预冷以后即可出库转运到销售地。无论即时出库或贮藏后出库，凡贮存过香蕉的库房，在香蕉出库后，必须要做彻底的更换空气，以免乙烯的残留，影响下一批香蕉的贮藏。

2．常温贮藏

香蕉每年的产量很大，其要求的贮藏适温不太低（11~13℃），与产地冬季的平均温度很接近。因此，在秋末冬初时一般都采用常温贮藏。况且，在目前冷库远不能满足生产实际需要的情况下，用常温贮藏的仍占大多数。常温贮藏值得注意的当然就是温度的影响，冬季的低温、夏季的高温，会造成香蕉的冷害或青皮熟。如上所述，我国香蕉产地冬季的温度不会太低，在做好简单防寒措施的情况下，通常利用冬季的常温贮藏香蕉，贮藏期可达 2~3 个月。这时正是香蕉生产的淡季，能把秋末的香蕉贮藏一部分，在淡季供应，不但调节了市场，还能提高经济价值。而在高温的夏季，不但温度高容易引起香蕉的青皮熟，而且正值生产的旺季，没有必要作较长期的贮藏。假如需要，在包装内放入适量的乙烯吸收剂，存放在室内较阴凉处，一般也可贮藏 1 个月左右。

3. 气调贮藏

气调贮藏是国际上比较先进的一种贮藏方法，其主要原理就是通过改变贮藏环境的气体成分，来达到延长果实贮藏期的目的。

气调贮藏一般要跟药物处理、低温贮藏等措施相配合，这样效果较单独的气调贮藏要好。根据气调贮藏的方式，可以分为控制气体贮藏（CA 贮藏）和自发气调贮藏（MA 贮藏）两种。

在香蕉上，应用气调贮藏对果实的贮藏、运输和后熟具有明显的作用。拉丁美洲国家商业上运输香蕉时，主要采用气调集装箱，或者是采用冷藏船，船上装有冷藏保存设备，并可控制 O_2 和 CO_2 的浓度水平。几十年前就已有试验报道了多种气体组合可以延长香蕉的贮藏期。减少 O_2 及增加 CO_2 均有利于延迟后熟，同时，高浓度 CO_2 也有利于减轻冷害症状。但是超过一定浓度的 CO_2 会对香蕉产生毒害作用。CO_2 的毒害症状主要表现为青果变软，果实具有异味。通常，当在贮藏环境中增加 CO_2 含量或减少 O_2 含量，果实的呼吸强度被抑制，组织细胞内的其他生理生化代谢也被抑制，从而使果实的成熟过程减慢。

香蕉适宜气调贮藏所需的气体比例，因香蕉的品种、产地等的不同而异。

Bishop（1996）认为，一些香蕉适宜的贮藏环境是 12~16℃，含 2%~5% 的 CO_2，2%~5% 的 O_2。Smock 等（1967）研究了在 15℃下，在 2% O_2 和 8% CO_2 下，香蕉可贮藏 3 周，而对照在常温下只能放 2 天。Hardenburg 等（1990）推荐用 5% CO_2 和 4% O_2 可延长香蕉货架寿命 2~3 倍。McGlasson 和 Wills（1972）将香蕉置于 20℃，通风的含 3% O_2 和 5% CO_2 环境下，贮藏 182 天，当移到空气中，果实仍能正常成熟。

在香蕉的国际贸易中，通常也采用聚乙烯薄膜袋包装来进行自发气调贮藏。它除了可保持果实周围的高湿度外，也可延缓香蕉果实的成熟。Shorter 等（1987）发现，采用塑料薄膜袋包装（袋内气体浓度稳定在 2% O_2 和 5% CO_2），再加人乙烯吸收剂，可以延长果实的贮藏期达 5 倍。但是，如果薄膜袋太厚或透气性较差，有可能导致袋内香蕉产生 CO_2 毒害。

采用气调贮藏对催熟后的香蕉货架寿命也有影响。当香蕉催熟开始时置于 14℃，1% O_2 下，仍可存放 28 天，保持果实硬绿。当移到空气中，果实迅速成熟。

（二）香蕉采后运输

运输是果品流通中的一个重要环节，是生产与消费之间的桥梁，尤其是香蕉，因其具有一年四季生产的可能性，作长期贮藏的毕竟是少数，一般在做好采后处理后，即运销各地。对香蕉而言，运输比贮藏所占的比例更大。事实上，应把运输看作是动态的贮藏，在运输过程中还不断地受到外界条件的影响。因此，其要求的条件不但应与贮藏相当，而且还要考虑其他一些因素，决不能因其过程较短而疏忽大意。

1. 香蕉对运输的基本要求

（1）温度、湿度、气体成分的要求
香蕉在运输过程中，周围环境的温度、湿度和气体成分应与贮藏的条件相同或相近。

（2）轻装轻卸
香蕉极易受机械损伤，在运输装卸的过程中稍微挤压、碰撞，就会因发生破损而导致腐烂。目前，我国机械化装卸程度不高，绝大部分的装卸仍然依靠人力，因此而造成的损失是严重的。

（3）快装快运
无论是采后直接运输还是经贮藏后才运输，都应该快装快运，尽量缩短运输的时间，以减少腐烂、变质。

（4）防冻防热

香蕉怕冷又怕热，况且，我国地域宽广，在同一时间内，不同纬度的地方温度并不相同，甚至相差很大。例如，10~11月，我国华南地区温度还在10℃以上，长江以北已低于10℃，东北地区温度更低，极易对香蕉造成冷害，还必须有防寒措施。在7~8月，由于海洋性气候的影响，华南地带夏季的高温不至于使香蕉受不了，但武汉一带长江流域的高温，使蕉贩们望而却步，没有加冰保温车、机械冷藏列车，一般不敢北运。

2. 运输的方式方法

（1）低温运输

香蕉的低温运输即利用有制冷能力的冷藏车（包括机械列车、冷藏汽车）、船或冷藏集装箱进行运输的方式。先将车厢温度调节在11~13℃，再把经过预冷后的香蕉装入便可。运输途中注意保持温度的稳定，忌讳温度的波动，这对有控温设备的车、船，特别是冷藏集装箱是完全可以做到的。

集装箱是目前运输工具中最先进的一种，便于机械化装卸，也称作货箱。尽管其发展历史只有短短的20年，但发展很快，目前已形成一个完整的体系，所谓集装箱是指具有足够强度、能长期反复使用的箱体，在运输途中不用搬动箱内部的货物，便可以直接换装到另一种运输工具上，以达到快速装卸的目的。目前国际上采用的冷藏集装箱一般有两种：一种是内藏式冷藏集装箱，另一种是外置式冷藏集装箱。无论哪一种集装箱，其四壁均由金属板制成箱形外壳，中间夹有隔热材料，有很好的保温作用。箱内装有制冷机的称为内藏式集装箱，无论在码头、轮船上或陆地运输过程中，只要供给电源，箱内就可以制冷降温，并能自动控制温度。这类箱对海、陆运输均适应，应急时可暂作冷库使用。外置式冷藏集装箱只具有隔热结构，在集装箱前壁设有冷气吸入管和排气管管口，箱子一般装在船内，由船舶的冷冻装置供应冷气。目前也已有带气调的冷藏集装箱，也就是在集装箱内还可以控制气体（O_2、CO_2）的比例，可以满足更多种果蔬的要求，而且运输期间对果蔬品质的保持更好，但成本较高。一般集装箱按其装载量的不同可分为 20 英尺（1 英尺 =0.304 8 米）和 40 英尺两种，其尺寸如（表 9）。

然而，在商业的流通中，常常使用的是冰保（火）车，又名加冰保温车，目前我国的加冰保温车有 B8 与 B11 型两种，这两种车的车顶上有 6 个冰箱（装载冰的箱子），每个冰箱可装 1 吨冰。由于单独使用冰，其融化极快，特别是在炎热的夏季，不容易把车厢内的温度降下来。通常在加冰的同时掺进一定比例的盐，将冰的溶点降低，减慢其融化的速度，这样能将车厢的温度降至 6℃ 甚至 -10℃，但是，冰箱内的冰在运输途中还是会不断地融化，到达一定程度时必须补加冰块，因此，铁路沿线每隔 350~550 千米应设 1 个加冰站，供长途运输香蕉的冰保温加冰之用。

加冰保温车的缺点是，随着冰的融化，车厢内温度不断上升，再加冰时温度又重新下降。车厢温度难以控制在恒定的温度下。但是，由于冰保温车使用比料灵活，以 1 辆（单卡）为单位，可挂在货运列车上，也可挂在客车上，故目前还是应用得比较多。

表 9　冷藏集装箱规格

主要项目		20 英尺	40 英尺
箱外部	长	6.058 米	
	宽	2.438 米	
	高	2.438 米	
箱内部	长	5.447 米	12.068 米
	宽	2.251 米	2.362 米
	高	2.099 米	2.389 米
箱门	宽	2.289 米	2.300 米
	高	2.135 米	2.272 米

（续表）

主要项目	20 英尺	40 英尺
内容积	25.9 米^3	68.1 米^3
自重	2.52 吨	3 吨
最大装载量	17.8 吨	27.48 吨
最大重量	20.32 吨	30.49 砘

在铁路运输中的保温车还有机械保温车，也叫机械列车，它采用机械制冷，可以任意调节温度，满足每种运输货物的要求。但是，机械列车是以一列车为单位的，一列车中有 20 辆（卡）或 10 辆，最少也有 4 辆。其装载量很大，在筹集货源上有一定的困难，特别是时间过长，不利于保鲜。目前，我国的冷藏机械列车并不是很多，只能供给一些较高档的货物使用，香蕉的运输极少用它。以上两种车的特性（表 10）。

表 10　铁路保温车的货运特性

名称	机械列车					加冰保温车	
型号	B16	B17	B18	B19	B20	B8	B11
载货有效尺寸							
长（米）	13.5	15.2	16.2	15.5	18.1	14.6	13.2
宽（米）	2.5	2.54	2.3	2.4	2.55	2.5	2.5
高（米）	2.0	2.0	2.2	2.3	2.0	2.0	1.9
每辆车载重（吨）	30	40	40	40	40	30 单卡	24 单卡
每列车辆数（辆）	20	10	9	4	8		
每列载货量（吨）	600	400	360	160	320		

（2）常温运输

我国具制冷能力的流通设备（冷藏车、船）并不能满足运输的要求，特别是香蕉一年四季都有生产，在温度适合的时候完全可以用常温运输，甚至在温度不适宜的夏、冬季，通过一些简单的保温设施，照样采用普通车运输。特别是汽车，还是目前主要的运输工具。在低温的冬季，运输时用棉被、稻草等保温材料铺设在车厢的周围和底部，中间堆叠香蕉后，顶部再盖上同样的保温物，保温层的厚度视低温的程度和运输的距离而定。在夏季，车厢内切勿堆叠过高，顶部应留有一定的空隙，相对应的车厢前后不能封严，让空气能在开车时迅速流通，带走香蕉的热量。

若用铁路的棚车运输，无论冬、夏同样要使用保温材料，在冬季起着保温作用，在夏季起保冷作用。通常夏季装车时，在车厢的中部用木架将两头的香蕉箱（篓）顶住，两个木架之间留出一定的空间，用以堆放冰块，用冰来尽量地降低车厢内香蕉的温度。因此，周围的保温材料起着隔绝内外温度交流的作用，从而使夏季高温时运输香蕉成为可能。但是必须注意，无论是加冰的汽车或用棚车，在冰块融化时都会流出水来，纸箱容易吸水，失去支撑的能力，故香蕉采用竹篓包装较为合适；或做好引水外流、抬垫纸箱并用塑料薄膜覆盖蕉箱等措施，运输才安全。

世界上最先进的流通是冷链式的流通，所谓冷链式的流通，不单指以冷藏车、船作运输工具，而是包括从采收后到消费的整个过程，都保持在适宜的低温范围内。即产地有冷库，运输有冷藏车、船或保温车、船，批发部门有冷库，零售店有冷柜，家庭有冰箱，整个系统中的任何一个环节都必须实行低温管理，这样才能真正保证香蕉的质量。

十二、香蕉催熟上市

香蕉是具有呼吸高峰的果实，采收时并没有到达成熟，采后必须经过后熟才能表现出其最佳的色、香、味。通常采用人工催熟的方法促使果实的均匀成熟，做到按市场的需要有计划地分批供应熟果上市。

（一）香蕉催熟

果实生长、发育完成，便会自然成熟，如上所述，果实成熟时有大量的乙烯产生。乙烯是一种无色无味的气体（表14），是植物四大激素之一，是果实的致熟因素。果实贮藏时要采取一些措施抑制乙烯的产生或排除乙烯，阻止果实的成熟。催熟则相反，是要果实成熟，正好与贮藏的要求反过来。因此模拟果实成熟的需要，外源加入乙烯，促进果实成熟。用乙烯气体或乙烯利处理果实均能达到目的。少量的乙烯即可促进香蕉果实的成熟，但香蕉品种不同，催熟时所需要乙烯的最低浓度（阀值）也不同（表11）。有些品种对乙烯很敏感，而有些敏感性稍差。

表 11　乙烯作用于香蕉的阀值

香蕉品种	阀值浓度（微升 / 升）
Gros MiChel	0.1~1
Lacatan	0.5
Silk fig	0.25

1. 影响香蕉催熟的因素

香蕉的人工催熟与香蕉采收时的饱满度、催熟剂以及催熟剂的浓度、催熟时温度、湿度等有关系。

（1）香蕉的饱满度

饱满度越低，需要使用的催熟剂浓度越高，催熟的时间越长，而品质越差。饱满度越高，对催熟处理越敏感，后熟时间较短。但饱满度过高（9成），果实后熟时果皮易爆裂，催熟后货架寿命较短。饱满度以7.5~8.5成为宜（表12）。

表12 不同饱满度的香蕉果实对催熟的反应

果实饱满度（%）	呼吸峰值 [毫克CO_2/（千克·小时）]	成熟所需时间（天）
70~75	102	6~7
80~85	122	5
≥90	135	3~4

注：催熟温度为21℃，乙烯利浓度为1 000微克/升。

（2）催熟剂

常用的催熟剂有乙烯（气体）、乙烯利（液体）、棒香等，也有用酒精、乙炔（电石）甚至燃烧树叶、在要催熟的蕉堆里放入成熟了的香蕉，苹果，把香蕉划伤等，都可以起催熟的作用。只要能刺激香蕉提高其呼吸强度，引发呼吸高峰到来，激发本身内源乙烯产生，便都能促使香蕉自然成熟。另外，催熟剂的用量（浓度）越多，香蕉成熟的越快。

（3）催熟温度

催熟时温度的高低，直接影响香蕉成熟的时间、香蕉的颜色以及香蕉销售时的货架寿命。催熟温度以15~22℃为宜，在此温度下，香蕉果皮上的叶绿素完全破坏，蕉果转为诱人的金黄色。随着温度的升高，成熟的时间加快，但货架寿命也越短。如15~20℃要6~7天成熟，20~22℃下4天便成熟，25℃以上成熟的香蕉果皮颜色不鲜艳，高于28℃果皮不能转黄，呈现青皮熟。因此，可根据市场的实际需求，以催熟剂的用量和控制催熟时的温度，完全可以调节香蕉成熟上市的时间（表13）。

表 13　　香蕉催熟的温度控制

催熟周期	温度控制（℃）							
	第 1 天	第 2 天	第 3 天	第 4 天	第 5 天	第 6 天	第 7 天	第 8 天
4 天	20	20	18	16				
5 天	20	18	16	16	14			
6 天	20	16	14	14	14	14		
7 天	20	14	14	14	14	14	14	
8 天	18	14	14	14	14	14	14	14

（4）湿度

催熟时的湿度往往被忽视，湿度过低，果皮失水严重便失去鲜亮的光泽，香蕉的档次降低。因此，催熟环境的相对湿度要求在90%以上。高湿对催熟有利，但也促进了微生物的生长，因此，避免机械伤和做好防腐处理非常必要，否则在香蕉成熟的同时，腐烂也一并发生。

（5）通风换气

如上所述，人工催熟是加入催熟剂或以其他的刺激因素，激发果实产生乙烯，导致果实成熟。据科学家的研究报道，合成乙烯的前半部分是不需要氧气的，尔后到乙烯形成这一步则一定要有氧气参与。况且，采收后的香蕉仍旧是个有生命的活体，其呼吸也要氧气。故在催熟过程的后期，必须通风换气，供给足够的氧气，否则香蕉不能正常成熟。

2. 催熟方法

香蕉的催熟方法有多种，现选择常规且较佳的方法加以介绍。

（1）乙烯催熟

乙烯是一种无色、有微甜气味的气体（表 14），它是植物五大激素之一，在植物体内具有多种生理作用，主要是促进果蔬的成熟和衰老。直接用乙烯气体进行催熟非常方便，乙烯气体的用量是催熟房间体积的千分之一。若催熟房没有输入乙烯的设备，可用各种球内胎或车内胎装载乙烯。先用水灌满内胎，再倒出量度其体积，按上述比例计算好所需的内胎个数，再将其灌满乙烯，然后放入堆叠有青香蕉的催熟房内，拔去气嘴随即关好催熟房门，球内胎或车内胎由于橡胶本身的收缩力，把内部的乙烯气体压出，起到了催熟作用。密封 24 小时后，打开门窗进行通风换气，提供氧气以便香蕉内源乙烯的形成，促进成熟；同时，也可防止因呼吸高峰的到来，二氧化碳积累过多而造成中毒。这种方法要求催熟房具有较好的密封性能。如果没有专门的催熟房，可用塑料薄膜袋或塑料薄膜帐密封代替。

温度 20℃，相对湿度 85%，乙烯浓度 1∶1 000 体积比，一般密闭 24~36 小时，待香蕉开始呈现初熟颜色时即可取出，后每隔 24 小时通风 1~2 次。

表 14　乙烯气体的物理特性

外　观	无色、具有微甜气味的碳氢化合物
分子量	28.05
沸点	
760 毫米汞柱下	−103.7℃
300 毫米汞柱下	−118℃
10 毫米汞柱下	−153℃
凝固点（饱和压力下）	−169.2℃
−103.7℃下的表面张力	16.4 达因 / 厘米
空气中的燃烧浓度	
低限	3.1%
高限	32%

注：当乙烯浓度为 3.1%~32% 时，具有爆炸性。

在国外，有采用专门的乙烯气瓶经过减压阀，通入催熟房。根据催熟果蔬的不同控制进入的乙烯量，在催熟房内，利用小风扇来使房内的乙烯混合均匀（图8）。

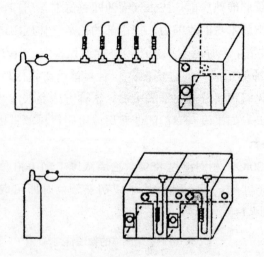

图8　香蕉催熟房及乙烯气瓶的布置

（2）乙烯利催熟

乙烯利是一种人工合成的植物激素，其化学成分为2-氯乙基膦酸，市售品为棕色液体。乙烯利在pH高于4.1时分解释放出乙烯气体。由于植物细胞一般pH都高于4.1，因此当乙烯利的水溶液进入组织后，即被分离，释放出乙烯气体，促进果实成熟。

使用时，先将乙烯利加水稀释成一定浓度后喷淋或浸果即能催熟。使用浓度一般是500~1 000毫克/升。通常购买的乙烯利浓度是40%，用前述的药物稀释公式计算，100毫升（100克）的乙烯利加水至40千克就是1 000毫克/升，加水至80千克就是500毫克/升。所用浓度，视香蕉饱满度大小和催熟温度的高低而定。饱满度大、温度高，所用浓度可小，反之则大。此法使用方便，不需特别的设备，而且，经喷、浸之后，增加了湿度，有利于催熟。

乙烯利使用浓度为：17~19℃时 2 000~4 000 毫克 / 升；20~23℃时 1 500~2 000 毫克 / 升；23~27℃时 1 000 毫克 / 升。可用药液直接喷洒或浸蘸果实（如用药液浸蘸香蕉果指蘸果段的 3/4 不要蘸到果柄，否则果柄易断。此外，也可用 1% 的乙烯利药液涂蘸蕉梳切口，然后堆放、催熟），处理后让其自然晾干，一般 3~4 天即可黄熟。

（3）熏香催熟

这是民间常用的催熟方法。选用普通的棒香，点燃后插置在催熟室中或直接插在蕉头上，关闭门窗 10~24 小时后再打开门窗通气，几天后果实自然成熟。此法是利用燃烧的棒香所产生的乙烯气体催熟了香蕉，简单易行。棒香的用量视蕉果的数量及催熟温度的高低而定。例如，容量为 2 500 千克的催熟室，催熟温度约 30℃时用棒香 10 支，密闭 10 小时；温度在 25℃左右时，用棒香 15 支，密闭 20 小时；温度降到 20℃时，要用 20 支棒香，密闭 24 小时后才能打开通气。

（4）混果催熟

将青香蕉同成熟的苹果、梨、熟香蕉混放在一起，也可将青香蕉催熟。

无论用哪一种方法，要获得颜色鲜黄、优质高档的香蕉，都必须控制好催熟房的温度和湿度，最好使用能控制温度的冷库。一些小本经营的个体商业户，没有冷库，就利用空调房或冰块降温催熟，若小心操作也有一定的效果。还有用不落梳以整穗香蕉进行催熟的方法：将整穗蕉小心运回，吊挂在催熟房中进行催熟，至香蕉开始转黄时，带果轴切疏，这样能保持切口新鲜。但是，以整轴蕉果运输，难免有机械损伤，增加了运输量与难度，然而在近地销售有它可取之处。

香蕉在催熟以后，特别是在货架上摆放几天后，在蕉皮上会出现"梅花点"（又称"芝麻蕉"）和蕉柄断裂脱落（俗称"放鞭炮"）。所谓"梅花点"，其实是炭疽病菌为害后显示出的病斑，也可能是果实到达衰老，果皮部分细胞死亡变色。此时蕉果正好到达完熟期，香气浓、肉软滑，色、香、味俱全；人们视其为最可口的食用期，实质上是香蕉货架期结束的标志。与此同时，果柄与果身相连处的果皮纤维因成熟而分解，再不能承受果实的重量而致断裂，尤以夏季催熟的果实，稍有不慎果指便脱落，俗称"放鞭炮"或"掉把"。在采前栽培时多施有机肥和钾肥，对防止果指断裂有一定的效果。

（二）香蕉上市销售

销售的关键问题是货架寿命，所谓货架寿命就是香蕉在销售时，能保持其优质不变的时间。也可以说是，催熟后，从开始销售起到失去商品价值时能维持的时间。一般在夏季的常温下只能摆卖3~4天，冬季6~7天，在冷柜里销售可保持1周。货架寿命的长短直接影响到销售的期限，当然，货架寿命越长越有利。从上文可知，货架寿命不但与果实品种、饱满度有关，与催熟时催熟剂的用量（浓度）、催熟的温度、销售时的温度都有关系。

必须明确，要获得优质高档的香蕉，不是采后用一些药泡一泡就能奏效。应从头开始，从田间育种、栽培到采后的每个环节，都不能忽视，一环扣一环，步步相接，实际上是一个系统工程。只要重视，就会有成效。

附录1 无公害食品香蕉安全卫生指标

项目	指标（毫克／千克）
砷（以 As 计）	≤ 0.5
汞（以 Hg 计）	≤ 0.01
铅（以 Pb 计）	≤ 0.2
铬（以 Gr 计）	≤ 0.5
镉（以 Cd 计）	≤ 0.03
氟（以 F 计）	≤ 0.5
铜（以 Cu 计）	≤ 10
乐果	≤ 1
甲拌磷	不得检出
克百威	不得检出
氰戊菊酯	≤ 0.2
敌百虫	≤ 0.1
甲胺磷	不得检出
六六六（HCH）	≤ 0.2
滴滴涕（DDT）	≤ 0.1
倍硫磷	≤ 0.05
对硫磷	不得检出
敌敌畏	≤ 0.2
溴氰菊酯	≤ 0.1
乙酰甲胺磷	≤ 0.5
二嗪农	≤ 0.5

注：克百威为 GB14928.7—1994 中呋喃丹的通用名。

附录 2 无公害香蕉生产中不应使用的化学农药种类

农药种类	农药名称	禁止原因
无机砷杀虫剂	砷酸钙、砷酸铅	高毒
有机砷杀菌剂	甲基胂酸锌、甲基胂酸铁铵（田安）、福美甲胂、福美胂	高残留
有机锡杀菌剂	薯瘟锡（三苯基醋酸锡）、三苯基氯化锡、毒菌锡、氯化锡	高残留
有机汞杀菌剂	氯化乙基汞（西力生）、醋酸苯汞（赛力散）	高毒、高残留
有机杂环类	敌枯双	致畸
氟制剂	氟化钙、氟化钠、氟乙酸钠、氟乙酰胺、氟硅酸钠、氟睨酸钠	剧毒、高毒、易药害
有机氯杀虫剂	DDT、六六六、林凡、艾氏剂、狄氏剂、氯丹	高残留
卤代烷类熏蒸杀虫剂	二溴乙烷、二溴氯丙烷	致癌、致畸
有机磷杀虫剂	甲拌磷（3911）、久效磷（纽瓦克、铃杀）、对硫磷（1605）、甲基对硫磷（甲基1605）、甲胺磷（多灭磷）、氧化乐果、丁硫磷（特丁磷）、水胺硫磷（羧胺磷）、磷胺、甲基异柳磷、地虫硫磷（大风雷、地虫磷）	剧毒、高毒
氨基甲酯杀虫剂	克百威（呋喃丹、大扶农）、涕灭威、灭多威	高毒
二甲基脒类杀虫杀螨剂	杀虫脒	慢性毒性、致癌
取代苯类杀虫杀菌剂	五氧酚钠（五氯苯酚）	高毒
二苯醚类除草剂	除草醚、草枯醚	慢性毒性
植物生长调节剂	比久（B_9）、2,4-D	致癌

附录3 海南出口瓜果菜种植基地推荐替代的中、低毒农药品种名录

序号	停止销售、使用的剧毒、高毒农药	推荐替代的中、低毒农药	防治对象
1	克百威（呋喃丹、大扶农）	丁硫克百威、氯唑磷（米乐尔）、辛硫磷	地下害虫、根结线虫
2	甲胺磷（多灭磷）	乙酰甲胺磷、杀虫单、阿维菌素、苏云金杆菌（Bt）	蚜虫、卷叶虫、蓟马、飞虱（Bt防治鳞翅目幼虫）
3	久效磷（纽瓦克、铃杀）	啶虫脒、杀虫单、辛硫磷、苏云金杆菌（Bt）	蚜虫、卷叶虫、蓟马、飞虱（Bt防治鳞翅目幼虫）
4	甲基对硫磷（甲基1605）	甲胺基阿维菌素苯甲酸盐、阿维菌素、甲氰菊酯、氯氟氰菊酯、苏云金杆菌（Bt）	红蜘蛛、蚜虫、青虫类、潜叶蛾、小菜蛾（Bt防治鳞翅目幼虫）
5	对硫磷（1605）	甲胺基阿维菌素苯甲酸盐、杀虫单、毒死蜱、功夫、苏云金杆菌（Bt）	红蜘蛛、蚜虫、青田类、潜叶蛾、小菜蛾（Bt防治鳞翅目幼虫）
6	氧化乐果	吡虫啉、丁硫克百威	蓟马、飞虱、蚜虫
7	水胺硫磷（羧胺磷）	阿维菌素、毒死蜱、甲胺基阿维菌素苯甲酸盐	蚜虫、蓟马、潜叶蛾、飞虱
8	杀扑磷（速扑杀）	高效氯氰菊酯、多虫清	介壳虫、棉铃虫
9	特丁硫磷（特丁磷）	丁硫克百威、氯唑磷、辛硫磷	地下害虫、根结线虫
10	灭线磷（益舒宝、丙线磷）	丁硫克百威、氯唑磷、辛硫磷	地下害虫、根结线虫
11	硫丹（硕丹、赛丹、安杀丹）	甲胺基阿维菌素苯甲酸盐、高效氯氰菊酯、辛硫磷、苏云金杆菌（Bt）	青虫类、小菜蛾、叶蛾（Bt防治鳞翅目幼虫）

（续表）

序号	停止销售、使用的剧毒、高毒农药	推荐替代的中、低毒农药	防治对象
12	氟乙酰胺	敌鼠（敌鼠钠盐、野鼠净）	老鼠
13	五氯酚（五氯苯酚）		木材防腐剂
14	甲基异硫磷	甲胺基阿维菌素苯甲酸盐、高效氯氰菊酯、甲氰菊酯、苏云金杆菌（Bt）	红蜘蛛、青虫类（Bt防治鳞翅目幼虫）
15	地虫硫磷（大风雷、地虫磷）	丁硫克百威、氯唑磷、辛硫磷	地下害虫、根结线虫
16	甲拌磷（3911）	丁硫克百威、氯唑磷、辛硫磷	地下害虫、根结线虫